KRISTINE KURTH

DIE VERFLIXTEN WECHSELJAHRE

KRISTINE KURTH

DIE VERFLIXTEN WECHSEL JAHRE

... UND WIE
MAN SIE BEWÄLTIGT

HERDER
FREIBURG · BASEL · WIEN

Illustrationen der Yoga-Übungen: Ilse Sieber

Herstellung: Freiburger Graphische Betriebe 1986
ISBN 3-451-20648-X

Inhalt

Vorwort

Ein Problem unserer Zeit

Über das Klimakterium gibt es wenig Literatur, und diese wenigen Bücher sind von Ärzten geschrieben und beschäftigen sich nahezu ausschließlich mit den rein medizinischen Aspekten dieser schwierigen Übergangsphase im Leben jeder Frau. Seltsamerweise schienen sich die Frauen selbst bisher kaum für diese Probleme zu interessieren. Das Klimakterium oder die „Wechseljahre", wie man etwas beschönigend und verharmlosend diese zweifellos oft quälende Zeit nannte, waren ein Tabu, über das Frauen nicht sprachen, höchstens mit einer guten Freundin, aber kaum mit ihren Männern. Wen wundert es, daß viele dieser Männer, eben weil sie nicht als volle Partner in die plötzlich auftretenden Probleme einbezogen waren, ihren Frauen mit dem unüberlegten Schlagwort „Du bist einfach hysterisch" zusätzliche Probleme machten.

Diese Situation, in der von der vielpropagierten „Gleichberechtigung" wenig zu merken ist, läßt sich recht einfach erklären: Altern gilt in unserem Kulturkreis oft als ein persönlicher Fehler und als eine ärgerliche Sache und ist mit einem negativen Image behaftet. Das Alter wird eher verleugnet als angenommen, und zwar von Männern wie Frauen. Es kommt hinzu, daß das gesellschaftliche Bild einer älter werdenden und alten Frau bei uns noch schlechter ist als das eines ebensolchen Mannes. Frauen, deren Anerkennung in der Gesellschaft aber vielfach meist nur auf ihrer Sexualfunktion, Attraktivität und Schönheit sowie auf ihrer Fortpflanzungsfähigkeit beruht, verlieren mit diesen Attributen bzw. Fähigkeiten nicht nur ihre gesellschaftliche Rolle, sondern auch ihr Selbstwertgefühl.

Die Reaktion der meisten Frauen war bisher: sich zurückziehen, resignieren, sich kleinmachen, unsichtbar werden. Das Klimakterium wurde verschwiegen. Es bedarf sicher einer großen persönlichen Stabilität, um sich den Problemen der Wechseljahre aktiv zu stellen. Aber mir scheint, daß die Zeit heute dafür reif ist, weil für die moderne Frau Familie und Kinder einen anderen Stellenwert besitzen als etwa vor 50 Jahren.

Interessant – und wie ich meine auch sehr bedenkenswert – ist in diesem Zusammenhang auch die Erfahrung, daß das negative Bild der „alten Frau" in der Gesellschaft nicht überall gleich ist. In afrikanischen und arabischen Ländern, in Indien und Israel wird vielmehr der Status der Frau nach dem Klimakterium verbessert; in der gesellschaftlichen Rolle als die Person, der das „letzte Wort" in einer Großfamilie zusteht, wird die ältere Frau zum Familienoberhaupt, zur „Mutter" in einem neuen Sinn.

Wen wundert es, wenn das Klimakterium von den Frauen geradezu herbeigesehnt wird! Auffallend ist auch, daß es in diesen Ländern klimakterische Probleme in dem Ausmaß wie bei uns nicht gibt. Der Schluß daraus liegt nahe, daß die Probleme der Wechseljahre oft mehr psychischer als biologischer Natur sind und diese durch die neue Aufgabe der Frau in der Familie weniger belastend wirken.

Wir müssen uns aber noch mit einer zweiten Erkenntnis vertraut machen: Das Klimakterium ist ein Problem unserer Zeit. Das wird deutlich, wenn wir hören, daß im Römischen Reich die mittlere Lebenserwartung einer Frau 23 Jahre betrug. Auch im Mittelalter erreichten nur wenige Frauen ein hohes Alter, viele starben jung im Kindbett. Auf die Länder der Dritten Welt trifft dies noch heute zu. Und selbst zu Anfang dieses Jahrhunderts wurden Frauen im Durchschnitt nicht älter als 50 Jahre. Praktisch bedeutet dieser Rückblick in die Geschichte: Nur wenige Frauen erreichten das Menopausealter, und somit waren die meisten mit Problemen der Wechseljahre gar nicht belastet.

Heute dagegen liegt die Lebenserwartung einer Frau bei 78 Jahren, d. h. die Zeit ihres Lebens, die ihr nach der Menopause noch verbleibt, beträgt – bei einem mittleren Menopausealter von 53 Jahren – rund 25–30 Jahre, also etwa ein Drittel der gesamten Le-

benszeit. Weil heute fast jede Frau diese Übergangsphase durchmacht, ist das Problem „Wechseljahre“ überhaupt erst zu einem Problem geworden. Die betroffenen Frauen beginnen zunehmend, sich mit den Beschwerden der Wechseljahre auseinanderzusetzen. Sie wollen wissen, was sich in ihrem Körper in dieser Zeit abspielt, sie wollen natürlich aber auch wissen – und das wollen auch die diesen „weiblichen“ Problemen noch ratloser gegenüberstehenden Männer –, ob es Hilfen gegen die Klimakteriumsbeschwerden gibt.
Die Veränderungen, die der weibliche Körper während und nach der Menopause erleidet, beruhen alle auf dem Östrogenmangel. Die Eierstöcke, die dieses Hormon produzieren, sind die einzigen Drüsen, die ihre Funktion schon lange vor dem Tod der Frau einstellen. Da die Östrogene im weiblichen Körper eine zentrale Rolle spielen, sind, wenn sie nicht mehr gebildet werden, zahlreiche Ausfallerscheinungen die Folge. Hier drängt sich nun förmlich die Einsicht auf, daß es doch wohl am einfachsten und wirkungsvollsten ist, das zu ersetzen, was fehlt – also den Mangel an Östrogen auszugleichen. Denn vom rein medizinischen Standpunkt aus gesehen, lassen sich alle menopausalen Schwierigkeiten durch Zuführen von Östrogenen beseitigen, der „vormenopausale“ Zustand kann quasi erhalten werden.
Hier aber taucht in unserer sonst so an Medikamente und wissenschaftlichen Fortschritt glaubenden Zeit eine mehrfache Hemmung bei den betroffenen Frauen auf. Viele haben Angst davor, daß die Östrogengaben krebsfördernd seien. Daß Östrogene Krebs erzeugen ist ein Märchen, das Mitte der siebziger Jahre aus den USA nach Europa kam. Dort hatte man lange sehr hohe Östrogendosen gegeben. Seit man niedriger dosiert, hat man festgestellt, daß Frauen, die natürliche Östrogene nehmen, seltener an Krebs erkranken als andere. In Deutschland hat man schon immer niedriger dosiert und nie ein höheres Krebsrisiko durch Östrogene gehabt.
Andere Frauen sind der Meinung, daß man eine natürliche Entwicklung im Körper nicht durch Medikamente beeinflussen solle – vielleicht sogar nicht dürfe.
Es ist sicher individuell unterschiedlich, welchen Weg eine Frau durch diese schwierige Phase wählt. Wichtig aber ist, daß sie um

die Vorgänge in ihrem Körper weiß und dadurch in die Lage versetzt wird, ihre eigene Entscheidung über mögliche Therapiemaßnahmen zu treffen.
Bedenken sollten alle Betroffenen jedoch folgendes:
Frühen klimakterischen Störungen, wie Hitzewallungen, Schweißausbrüche und Schlafstörungen, kann man versuchen mit Kräutertee zu begegnen, ganz verhindern kann man sie so nicht. Späte Schäden wie Oberschenkelhals- und andere Knochenbrüche sowie Herz- und Kreislauferkrankungen kann man so nicht therapieren. Wer weiß schon, daß der Herzinfarkt, den eine Siebzigjährige erleidet, eine späte Folge von Östrogenmangel sein kann.
Wir haben schon darauf hingewiesen, daß viele der äußerlichen Probleme der Wechseljahre auch psychischer Natur sind. Vor allem wenn eine Frau nicht weiß, was in der Phase der Umstellung vor sich geht, kann sie in einen wahren Teufelskreis der Gereiztheiten, Ängsten, Depressionen und all den so lästigen äußeren Beschwerden der Umstellungszeit geraten. Sie mag sich selbst nicht mehr leiden, und sie spürt auch, daß sie ihrer Umwelt „auf die Nerven" geht.
Die Autorin, die ihre persönliche Auseinandersetzung mit der Menopause durch einen enormen psychischen und physischen Kraftaufwand bewältigt hat, der sicher bewundernswert ist, schildert den – so möchte ich wünschen – zahlreichen Leserinnen an erlebten Fallbeispielen, wie sich die „verflixten" Wechseljahre bei Frauen ihres großen Bekanntenkreises auswirkten.
Sie hat sich durch diese lebendigen Schilderungen zweifellos ein wirkliches Verdienst erworben. Denn hier schildert eine Frau anderen Frauen, was sie selbst – oder ihre Bekannten – erlebt und durchgestanden hat. Ich bin sicher, daß viele Leserinnen sich in den geschilderten Fällen wiederfinden werden, daß sie beim Lesen mehrfach sagen können: „Genau wie bei mir!" Schon diese Reaktion bewirkt etwas Positives: Die Leserin steht mit ihren Problemen nicht mehr allein. Sie erkennt, daß viele Frauen Ähnliches, oft sogar Schlimmeres durchmachen. Und indem die Leserin die verschiedenen Möglichkeiten miterlebt, die die Autorin in ihren Berichten zur Lösung der Wechseljahreprobleme vorstellt, wird sie mehr und mehr motiviert, sich auch selbst aktiv

dieser Umstellung in ihrem Körper mit all den unangenehmen Nebenerscheinungen zu stellen.
Wenn Frauen, angeregt durch dieses Buch, eine solche Motivierung zur Selbsthilfe gewinnen, dann hat sich der Kaufpreis mehr als bezahlt gemacht. Denn wenn es diesem Buch gelingt, den Frauen im mittleren Alter klarzumachen, daß Wechseljahre keine Krankheit sind, sondern ein natürlicher Umstellungsprozeß, der aber in schweren Fällen Krankheitswert annehmen kann und den jede Frau mehr oder weniger durchstehen muß, wenn es also gelingt, die Frauen davon zu überzeugen, daß sie durch diese natürliche Umstellung nicht zu Frauen „zweiter Klasse“ werden, sondern leistungsfähig und liebenswert bleiben, dann ist ein wichtiges Ziel für die Frauen und für unsere ganze Gesellschaft erreicht.
Ob Ihr Weg, liebe Leserin, der gleiche sein wird, wie ihn die Autorin beschreibt, die die Probleme vor allem von der psychischen Seite her angeht, oder ob Sie die Möglichkeit der Östrogentherapie nach Beratung mit Ihrem Arzt und unter seiner Überwachung wählen, müssen Sie selbst entscheiden. Die medizinischen Probleme des Klimakteriums lassen sich beherrschen, sie scheinen mir auch die kleineren zu sein. Interessanter und schwieriger sind sicher die psychischen Aufgaben, die auf uns zukommen.
Schon heute ist die mittlere Lebenserwartung von Frauen sieben Jahre höher als die von Männern. Es wird geschätzt, daß sie auf 14 Jahre ansteigt. Wenn man eine Gruppe älterer Menschen sieht, sind es meist Frauen. Wenn sich diese Entwicklung fortsetzt – auf 280 fünfundsechzigjährige Frauen werden dann 100 gleichaltrige Männer kommen –, entstehen Probleme und Fragen, die bisher noch gar nicht formuliert sind. Diese Frauen leben nicht nur in einem sich verändernden Körper, sie leben auch in einer sich ständig verändernden Umwelt, die immer weiblicher wird, was die Bevölkerungsstruktur betrifft.
Daß diese vielen älteren, oft verwitweten Frauen, nur weil sie sich nicht richtig mit den Problemen der Wechseljahre auseinandergesetzt haben, im Alter nicht verbittert, unzufrieden und kränkelnd sind – dafür möchte dieses Buch Hilfestellungen geben.
Wir leben in einer Zeit, in der zum ersten Mal eine große Zahl von Frauen nach der Menopause noch ein Drittel ihres Lebens

vor sich hat. Es ist die erste Generation, für die Gebärfähigkeit und Sexualität nicht synonym sind. Diese Frauen werden zwangsläufig dazu beitragen, unsere Gesellschaft zu verändern. Es wird Zeit, daß die Frauen über diese neue Situation nachdenken. Es wird auch Zeit, daß unsere Gesellschaft sich darauf einstellt.

Dr. Christa Ebert

So fängt es an

Wer kennt sie nicht, diese Tage, die für uns schon vor dem Aufstehen zu zerfließen beginnen in Mühsal, Zwang und Traurigkeit. Am besten wäre es, man bliebe im Bett, dem einzigen Ort auf der Welt, an dem man sich einigermaßen sicher vor ihren Ansprüchen – ganz dem eigenen Jammer hingeben kann. Eingehüllt in Weichheit und Wärme, wird hier wieder alles oder doch einiges gut, und irgendwann kehrt man zurück in den Alltag, gewillt, das Beste aus ihm zu machen.

Viele Menschen, so vermute ich, haben zuweilen dieses Bedürfnis, sich ihrer Umwelt zu entziehen, einfach nicht zu erscheinen auf der Bildfläche des Tages, die anderen machen zu lassen, was sie wollen. Man selbst will heute nicht, kann heute nicht, fühlt sich zu nichts in der Lage.

Ich habe dieses Bedürfnis, mich den Anforderungen eines Tages nicht zu stellen, hauptsächlich dann, wenn ich längere Zeit körperlich und geistig so beansprucht werde, daß ich in Zeitnot und Hetze gerate. Normalerweise wird der Sprung in einen neuen Tag für mich nicht zur Qual. Ich dehne und strecke mich, stelle – besonders wenn es morgens noch dunkel ist – bedauernd fest, daß ich gerne noch eine oder zwei Stunden geschlafen hätte, und spätestens unter der Dusche fühle ich mich den Anforderungen der nächsten 24 Stunden wieder gewachsen.

Wie erstaunt war ich daher, als sich die Tage mehrten, an denen ich müde, zerschlagen, voller Unlust aufwachte und nur mit Grauen an das, was der Tag für mich bereit hatte, denken konnte. Müde, zerschlagen, voller Unlust, leicht schwindelig und mit einem Gefühl der Übelkeit starrte ich in den Spiegel. Was ich da erblickte, war nicht dazu angetan, mein Befinden zu bessern. Ein verquollenes Gesicht, dicke Lider über trüben Augen, fahle Lippen, schlecht durchblutete Haut.

War ich das noch?
Ich quälte mich zur Arbeit und kam oft während des ganzen Tages nicht richtig in Schwung.
„Gehe zum Arzt", meinte mein Mann. „Vielleicht stimmt etwas mit deinen Nieren oder deinem Kreislauf nicht."
Ich ging zum Arzt. Er fand mich kerngesund.
„Also", sagte ich mir, „bildest du dir dein körperliches und geistiges Unwohlsein nur ein. Du bist nervös. Suche die Ursache der Nervosität."
Ich brauchte nicht lange zu suchen. Nach kurzer Zeit ließen die Beschwerden nach, und ich fühlte mich so wohl oder unwohl wie in den vergangenen 44 Jahren meines Lebens.
Nach einigen Monaten allerdings begannen meine Beschwerden erneut. Diesmal überlegte ich vor dem Arztbesuch, was sich an meinem Leben verändert haben könnte, was als Auslöser für diese ständige Unlust, Gereiztheit und das körperliche Unbehagen in Frage käme.
Häusliche Sorgen hatte ich nicht. Finanziell ging es mir so gut wie noch nie in meinem Leben. In meinem Beruf, der mir Freude bereitet, war ich endlich so weit, daß ich nicht dauernd unter dem Zwang zu arbeiten stand. Ich konnte mir Freizeit leisten, Sport treiben und, wenn ich wollte, einen ganzen Sonntag im Bett verbringen.
Ich hatte allen Grund, mit dem Leben, das ich führte, zufrieden zu sein. Ja, eigentlich war ich auch zufrieden.
Die Ursache für meinen schlechten gesundheitlichen Zustand mußte im körperlichen Bereich liegen. Ich ging wieder zum Arzt, zu einem anderen diesmal. Er untersuchte mich gründlich. Das Ergebnis aller Tests und Untersuchungen: „Sie sind kerngesund."
Mich erleichterte diese Mitteilung kaum. Irgend etwas stimmte nicht mit mir, das spürte ich täglich.
Die Frauenärztin, die ich regelmäßig zu Vorsorgeuntersuchungen konsultierte, lachte, als ich sie fragte, ob mein gestörtes Wohlbefinden vielleicht der Anfang des Klimakteriums sein könnte. „Bei ihrem Alter und ihrer guten körperlichen Verfassung kommt das noch gar nicht in Frage."
Also resignierte ich.

„Irgendwann kippst du um“, dachte ich oft. „Dann wird man vielleicht in einer Klinik feststellen, was dir fehlt.“
Viele unschöne, beschwerliche Tage folgten, viele Tage, an denen ich am liebsten im Bett geblieben wäre. Ich versuchte, durch gesunde Ernährung und viel Bewegung meinen Körper zu mobilisieren und meine angeschlagene Gesundheit wiederherzustellen. Und dann kamen auch wieder Wochen, in denen es mir gut ging. Meine Haut straffte sich, das Gefühl, plump und aufgedunsen wie ein Wasserball durchs Leben zu torkeln, verschwand. Ich hatte wieder Freude an der Arbeit, am Sport, am Leben überhaupt.
Eines Morgens dann erhob ich mich mit einem Gefühl, als hätte ich die ganze Nacht nichts anderes getan als gegessen. Plump, unbeweglich, angeschwollen auf das Doppelte meines Umfangs, so kam ich mir vor. Die Waage zeigte zwar nicht zweieinhalb Zentner an, jedoch fünf Pfund mehr, als ich üblicherweise wiege. Wo kamen diese fünf Pfund her? Noch vor einigen Tagen hatte ich mein vollkommen normales Gewicht. Schlemmertage lagen nicht hinter mir. Ich beschloß, auf Süßigkeiten zu verzichten, die fünf Pfund mußten wieder weg. Trotz gedrosselter Energiezufuhr begann mein Busen zu wachsen. Innerhalb weniger Tage quollen meine BHs über, platzten die Knöpfe von meinen Blusen. Wie ein Hefeteig ging ich auf und auseinander.
Vielleicht kriege ich ein Kind, war einer meiner Gedanken. Es sprach zwar nichts dafür, aber man hört ja oft die verrücktesten Dinge über abnorme Schwangerschaften. Ein Schwangerschaftstest verlief negativ, und dann ging ich wieder zu meiner Frauenärztin. Sie stellte erneut fest, wie gesund ich bin, und verstand gar nicht, was ich eigentlich von ihr wollte. In langen Erklärungen versuchte sie, mir eine Angst vor Brustkrebs auszureden, die ich überhaupt nicht hatte. Ihrer Meinung nach war meine ausufernde Oberweite reine Einbildung. „Nein“, meinte sie, „mit dem Klimakterium hängt das nicht zusammen, da haben sie sowieso noch viel Zeit. Wenn es sie beruhigt, lassen wir eine Mammographie machen.“
Ich wollte keine Mammographie, ich wollte eine Erklärung, warum meine Oberweite plötzlich und ohne ersichtlichen Grund um sechs Zentimeter zugenommen hatte.

Statt zur Mammographie ging ich in eine Buchhandlung, die medizinische Fachliteratur führt. Unter den Stichworten „Wechseljahre" – „Klimakterium" – „Menopause" versuchte ich, Hinweise auf meinen körperlichen Zustand zu finden.
Ich mußte lange suchen, bis ich in irgendeinem kleinen Büchlein lesen konnte, daß häufig *vor* Eintreten des Klimakteriums eine Vergrößerung der weiblichen Brust zu beobachten ist. Als Ursache hierfür wurden altersbedingte hormonelle Störungen angegeben.
Endlich hatte ich eine einleuchtende Erklärung, und der Hinweis, daß nach einiger Zeit die Vergrößerung zurückgeht, ließ mich meinen großen Busen erleichtert nach Hause tragen. Aus meiner inneren Ruhe jedoch war ich aufgescheucht. Bisher hatte mir mein Körper wenig Sorgen bereitet. Für die Störungen, die auftraten, gab es immer einleuchtende Erklärungen.
Daß ich auch einmal in die Wechseljahre kommen würde, wußte ich natürlich. Meine Vorstellung war die: Beide Eierstöcke hören auf zu arbeiten, damit verschwindet die monatliche Blutung. Prima. Du kannst keine Kinder mehr kriegen, auch sehr gut. Vielleicht ist die Einstellung der Eierstockfunktion mit ein paar Schweißausbrüchen oder Hitzewallungen verbunden? Na, wenn schon!
Hörte ich ältere Frauen über Beschwerden der Wechseljahre klagen, dachte ich: „Ziemlich hysterisch, das passiert dir später nie."
Und jetzt stand ich mit meinem gewaltigen Busen im 45. Lebensjahr, mußte klar erkennen, daß ich auch eine ältere Frau bin, und vermutete, daß mein körperliches Unbehagen in den letzten Monaten der Anfang der Wechseljahre ist.
„Also", sagte ich mir, „informiere dich, damit du weißt, was an Störungen auf dich zukommt; damit du weißt, was du gegen mögliche Störungen unternehmen kannst."
Bitter enttäuscht kehrte ich von meinem Gang durch die Buchhandlungen zurück. Es gab massenweise Literatur über Schwangerschaft, Geburt, sexuelle Probleme, auch über die Pubertät und soziale und psychologische Probleme der Frau in unserer Gesellschaft. Über die Wechseljahre stand kein einziges Buch in den Regalen.

Die umfassenden Ratgeber-Programme vieler Verlage suchte ich vergeblich nach einem Informationsbuch für mich ab. Geradezu kümmerlich war die Aufstellung an deutschsprachigen Büchern zu dem Thema „Wechseljahre“, die mir eine Buchhändlerin anfertigte.
Ich fragte mich natürlich:
Warum ist das Angebot an allgemeinverständlicher Literatur so gering? Gibt es so wenig zu diesem Thema zu sagen? Ist kein Bedürfnis der Frauen vorhanden, sich über diesen Abschnitt ihres Lebens zu informieren? Haben vielleicht die meisten Frauen gar keine Probleme, wenn sich die biologischen Funktionen ihres Körpers ändern?
Wenn ich jetzt mit Frauen meiner Altersgruppe zusammentraf, versuchte ich vorsichtig, das Gespräch auf diesen Problemkreis zu lenken. Ich war erstaunt, wie einfach das ging.
„In letzter Zeit fühle ich mich nicht besonders wohl. Ich bin müde, abgespannt, habe zu nichts die richtige Lust...“
Aus dieser Schilderung meines Befindens entwickelte sich meist folgender Dialog: „Schwitzen sie nachts?“
„Ja.“
„Fühlen sie manchmal Hitzewellen im Oberkörper und im Gesicht?“
„Ja.“
„Dann sind sie im Klimakterium.“
Wir waren beim Thema, und ich hatte oft Gelegenheit, zu erfahren, wie andere Frauen in dieser Zeit leiden und sich bemühen, allein mit ihren Beschwerden fertig zu werden.
Keine Seltenheit waren Aussagen wie:
„Ich spreche im allgemeinen nicht darüber. Das kann sowieso keiner verstehen.“
„Wie es mir manchmal geht, begreift nur jemand, der das selbst durchgemacht hat.“
„Ich weiß oft nicht mehr, was eigentlich mit mir los ist.“
„Die (gemeint ist die Familie) hielten mich für verrückt, wenn ich ihnen sagen würde, wie mir manchmal zumute ist.“
„Da muß eben jede Frau durch, da kann man nichts machen, behauptet mein Arzt.“
Für mich stand fest, daß ich mich informieren mußte, um Be-

scheid zu wissen, was in meinem Körper passiert, wenn es „richtig losgeht".
In Kursen über schmerzarme Geburt lernt man die Vorgänge im eigenen Körper kennen und verstehen. Das Verständnis soll Angst vor Unbekanntem umwandeln in aktive Unterstützung des Körpergeschehens. Warum sollte man sich nicht genauso auf die körperliche Umstellung im Klimakterium vorbereiten?
Ich arbeitete mich mühevoll durch medizinische Fachliteratur, sprach mit Ärzten und betroffenen Frauen.
Aus dem, was ich an Material zusammentrug, und aus meiner eigenen Erfahrung im Umgang mit den Beschwerden der Wechseljahre entstand dieses Buch.
Vielleicht hilft es Ihnen, liebe Leserin,
die Vorgänge in Ihrem Körper besser zu verstehen,
die Beschwerden der Wechseljahre bewußt zu bewältigen,
mit einer positiven Grundhaltung die Zeit der biologischen Umstellung hinter sich zu bringen und
in dieser Lebensphase die Voraussetzungen für den nächsten Lebensabschnitt, ein inhaltsreiches, befriedigendes Altern, zu schaffen.

Frauen zwischen Vierzig und Sechzig

Fast alle Bereiche unseres Lebens werden zahlenmäßig erfaßt und ausgewertet. So ist es nicht weiter verwunderlich, daß auch Aussagen über das Klimakterium statistisch erfaßt und dargestellt werden.
Man kann diesen Statistiken z.B. entnehmen, wie heftig, wie lange und wie viele Frauen unter den Beschwerden des Klimakteriums leiden. Die Zahlen der Statistiken weichen zum Teil erheblich voneinander ab, zeigen jedoch übereinstimmend, daß etwa 15–20% aller Frauen die Zeit des Klimakteriums ohne Probleme überstehen.
Statt in diesem Buch möglicherweise ungenaue Zahlen einer überholten Statistik zu wiederholen, möchte ich an einigen Fällen zeigen, wie betroffene Frauen mit der Veränderung ihrer körperlichen und psychischen Situation im Klimakterium fertig werden.

Ich muß mit meinem Körper auf natürliche Weise zurechtkommen

Das erste Gespräch über Beschwerden der Wechseljahre führe ich mit Frau Dr. B. Sie leitet eine Bibliothek und berät mich manchmal bei der Auswahl von Lesestoff.
Mitten in einem Gespräch mit ihr werde ich von einer dieser scheußlichen Hitzewellen überfallen und versuche natürlich, meinen Zustand nicht deutlich werden zu lassen. Wir unterhalten uns oft über Bücher, private Dinge erwähnen wir fast nie. Ich staune daher, daß die kühl und sehr distanziert wirkende Frau B. meinen augenblicklichen Zustand bemerkt und fragt: „Ist Ihnen

nicht gut, oder leiden Sie unter aufsteigender Hitze? So begann bei mir das Klimakterium."

Ich antworte wahrheitsgetreu: „Meine Ärztin behauptet, die Wechseljahre sind noch ferne Zukunft für mich."

„Lassen Sie sich das nicht einreden, bei mir begannen die Beschwerden, als ich 41 Jahre war, und es dauerte zwei Jahre, bis durch einen Hormontest festgestellt wurde, daß ich mir die körperlichen Störungen nicht einbilde."

Frau B., die sonst sehr Eilige, hat auf einmal Zeit für ein recht persönliches Gespräch.

Natürlich interessiert es mich, welche Beschwerden bei ihr auftreten und wie sie damit fertig wird.

„Am schlimmsten sind für mich die Schweißausbrüche", sagt sie. „Nicht nur nachts, auch am Tage bin ich häufig wie aus dem Wasser gezogen, und eine Zeitlang befürchtete ich, jeder Mensch müsse riechen, wie sehr ich schwitze."

„Dagegen gibt es doch ausgezeichnete Deodorants", ist meine Meinung.

Frau B. schüttelt den Kopf, sie denkt anders.

„Die lehne ich ab, ich lehne auch jede medizinische Hilfe ab. Ich muß mit meinem Körper auf natürliche Weise zurechtkommen. Und das geht auch ganz gut."

Gegen den Schweiß und Körpergeruch wäscht sie sich mehrmals täglich mit einem selbst hergestellten Mittel aus Salbeitee und Apfelessig.

„Am aufwendigsten war die Umstellung meiner Garderobe", sagt sie. „Ich trage jetzt nur noch Kleidung aus Wolle oder Baumwolle. Die empfinde ich als außerordentlich wohltuend. Seit ich unter einer Wolldecke schlafe – im Sommer nehme ich eine Decke aus Baumwolle –, sind die nächtlichen Schweißausbrüche erträglicher."

Autogenes Training und Melisse sind weitere Mittel, mit denen sich Frau B. zu helfen versucht.

Die Bibliothekarin wirkt ruhig, sachlich und sehr konzentriert bei ihrer Arbeit. Sie versteht es jedenfalls ausgezeichnet, die Nervosität, unter der sie häufig leidet, zu beherrschen. „So schwer ist das nicht", meint sie. „Wenn ich merke, daß ich grundlos unruhig werde, mache ich Atemübungen, Entspannung durch Atmung, das hilft zwar nicht immer, aber oft. Außerdem sage ich mir, daß dieses Klimakterium keine Ewigkeit dauern wird. Vier Jahre habe ich ganz gut bewältigt, den Rest bringe ich auch hinter mich."

Wenn du wüßtest, wie es in mir manchmal aussieht

Meine Freundin G., 1932 geboren, ist Hausfrau und Mutter von zwei erwachsenen Kindern. Ihre Tochter hat selber schon zwei Kinder, ihr Sohn studiert mit wenig Fleiß, Interesse und Erfolg. Am liebsten würde er ohne Arbeit und Sorgen von Vaters Geld leben.

Vater H. ist erfolgreich im Beruf und als angesehener Bürger reich mit Ehrenämtern bedacht. Seine Frau unterstützt ihn, wenn Not am Mann ist, im Geschäft. Seit die Kinder erwachsen sind, wird ihre Hilfe immer häufiger verlangt.

G. versorgt Mutter und Schwiegermutter – beides sehr ausgeprägte Persönlichkeiten – im eigenen Haushalt. Sie betreut mehrmals in der Woche eine alte Tante und sagt nie „nein", wenn die Tochter Hilfe braucht. Häufig werden Gäste in dem großen Haus, in dem G. kein eigenes Zimmer hat, empfangen.

Bis zu ihrem 46. Lebensjahr war G. ein Wunder an Leistungsfähigkeit und Einsatzbereitschaft. Sie war der ruhende Pol der Familie. Auffällige Beschwerden hatte sie nie.

Das Klimakterium begann bei G., wie bei den meisten Frauen, mit Hitzewallungen und nächtlichen Schweißausbrüchen. Dazu kamen nach kurzer Zeit heftige Schwindelanfälle, die bis zu Ohnmachten führten. Oft breiteten sich – scheinbar grundlos – rote Flecken auf Hals, Armen und Gesicht aus. Das Körpergewicht stieg um 15 kg. Umfassende ärztliche Untersuchungen ergaben keinen Hinweis auf eine bestimmte Krankheit.

Aufgedunsen und elend sieht sie aus, und so fühlt sie sich auch. Natürlich ist G. reizbar, übernervös und leidet, nicht zuletzt wegen ihres veränderten Aussehens, unter Depressionen.

G. macht sich Vorwürfe, ihre Pflichten zu vernachlässigen, den an sie gestellten Anforderungen nicht mehr gewachsen zu sein. Durch einen eisernen Willen, geradezu krankhafte Selbstbeherr-

schung und die Einnahme diverser Medikamente schafft sie es immer wieder, ihre Umgebung über ihren tatsächlichen Gesundheitszustand zu täuschen.
Es ist ein Jammer, mitanzusehen, wie diese einst ausgeglichene, gesunde Frau sich kaputtmacht, weil sie nicht wahrhaben will, daß ihre Körperfunktionen und die Belastbarkeit ihres Körpers einem Wandel unterworfen sind.
Eines unserer letzten Gespräche verlief etwa folgendermaßen:
„Wenn du wieder auf die Beine kommen willst, G., mußt du erst mal zu dir selber kommen."
„Wie meinst du das?"
„Ich meine, daß du zuviel für andere Menschen da bist und zuwenig für dich. Nimm dir jeden Tag zwei Stunden Zeit, in denen du für niemand, außer für dich, existierst."
„Daß ich nicht lache! Wenn Oma Emma nach mir ruft, muß ich hin. Sie ist sonst tagelang ungenießbar und vermiest uns das Leben. Und wenn H. Hilfe braucht, kann ich nicht sagen: ‚Bei mir ist jetzt Pause'."
„Also rennst du, pflegst du, hilfst du und kippst um!"
„Ich kippe ja nicht mit Absicht um, und irgendwann ist das Klimakterium vorbei."
„Wenn du dich dauernd überforderst, ist das nie vorbei. Eines Tages drehst du durch, oder du landest in der Nervenklinik."
„Unsinn, früher habe ich auch alles geschafft."
„Früher! Früher warst du nicht Mitte der Vierzig, früher spielten die Hormone in deinem Körper nicht verrückt, früher gingst du mit deinen Kindern und dem Hund täglich spazieren, früher hattest du Hilfe von beiden Omas, die heute an deinen Nerven zerren. Wann bist du das letzte Mal mit H. gewandert?"
„Das weiß ich nicht. Seit die Kinder fort sind und der Hund nicht mehr lebt, läuft H. nur noch ungern."
„Wann warst du das letzte Mal im Schwimmbad?"
„Ach, laß mich in Ruhe mit deinen Fragen. Wenn du wüßtest, wie es in mir manchmal aussieht! Und du tust noch so, als sei ich selber an meinem Zustand schuld. Immer ich, ich, ich."
G. fängt an zu schluchzen, und ich könnte vor Mitleid und Machtlosigkeit, ihr zu helfen, mitheulen.
„Begreife doch endlich, begreife doch endlich", rede ich auf sie

ein, „daß du tatsächlich schuld bist. Nicht daran, daß du Falten kriegst, daß dein Hormonhaushalt durcheinandergeraten ist, aber daran, wie du deinen Körper behandelst. Ich glaube dir, daß du ungeheuer viel Kraft und Willen brauchst, um auf den Beinen zu bleiben. Aber stelle dir bitte vor, du würdest nur ein wenig dieser Kraft und dieses Willens dafür einsetzen, deinem Körper und deinem Geist täglich etwas Ruhe zu schaffen. Wenn du im Krankenhaus liegst oder sonstwo" – ich setze nicht hinzu: „oder auf dem Friedhof", obwohl es mir auf der Zunge liegt – „muß dein Mann im Geschäft auch alleine fertig werden, und kein noch so lautes Rufen von Oma Emma zaubert dich her."
Heute, einige Wochen nach diesem Gespräch, liegt meine Freundin, bei der kein organisches Leiden festgestellt werden konnte, in einem Sanatorium.

Bis zur Halskrause voller Medikamente

Frau E., Jahrgang 1925, unverheiratet, ist Studiendirektorin an einer großen Schule. Sie gehört nicht zu den Frauen, die mit wachem Verstand und flinker Zunge Karriere machen. Das, was sie ist, verdankt sie unermüdlichem Fleiß, ihrer Einsatzbereitschaft und der gründlichen Kenntnis von Verordnungen und Erlassen.
Sie ist eine unscheinbare, nicht unsympathische Frau, geht zweimal im Jahr zum Friseur und trägt mit Vorliebe Kleider in matten, dunklen Farben. Niemand würde sie auch nur einen Tag jünger schätzen, als sie laut Geburtsurkunde ist.
Ihrem Dienstherrn ist Frau E. treu bis zur Selbstaufgabe ergeben. Wenn es um Dienstliches geht, kann man sich gut mit ihr unterhalten.
„Entschuldigen Sie bitte, daß ich gestern fehlen mußte, Frau E., ich hatte Migräne."
„Migräne? Dagegen gibt es doch Medikamente. Nehmen Sie die nicht?"
„Doch."
„Helfen sie nicht?"
„Doch."
„Warum fehlen Sie dann?"

„Ich habe noch andere Beschwerden."
„Was Schlimmes?"
„Wie man's nimmt."
„Ich will ja nicht neugierig sein, aber im Interesse der Schule: Werden Sie wieder fehlen?"
„Das weiß ich nicht."
„Was sagt Ihr Arzt?"
„Klimakterium."
„Wieso?"
„Er sagt, daß ich unter klimakterischen Beschwerden leide."
„Na, hören Sie, das Klimakterium ist doch keine Krankheit."
„Es kann aber trotzdem mit Beschwerden verbunden sein."
Frau E. entläßt mit viel Geräusch lange Kondensstreifen empörter Luft aus ihrer aufgeblähten Nase, so daß ich Zeit und Mut zur Frage finde: „Wie war das denn bei Ihnen? Hatten Sie keine Beschwerden?"
An mir vorbei antwortet sie: „Das interessiert hier wohl niemand."
Mein Mut ist noch nicht erschöpft.
„Doch", sage ich, „mich schon. Es interessiert mich wirklich, wie..."
Weiter komme ich nicht. Sie unterbricht mich erstaunlich schnell und heftig: „Ich hoffe jedenfalls, daß ihr Arzt dafür sorgt, daß sie keine Beschwerden haben."
„Mensch", sagt eine Kollegin später zu mir, „weißt du denn nicht, daß die E. bis zur Halskrause voller Medikamente steckt? Östrogenspritzen, Impfungen gegen Grippe, Heuschnupfen, Hautallergie und Bronchitis. Die würde nie zugeben, daß sie die geringsten Beschwerden hat."

Oder: Sie werden selber aktiv

In dem Yoga-Kurs, den ich seit mehreren Jahren besuche, taucht eines Tages Frau Bl. auf. Trotz ihres engen Gymnastikanzuges sieht sie nicht sonderlich sportlich aus. Aber sie ist schlank, hat ruhige, harmonische Bewegungen, und das Gesicht unter kurzen, blonden Locken ist gelöst und sympathisch.

„Eine nette Frau“, flüstert mir jemand zu.
Wir schätzen, daß Frau Bl. Mitte der Dreißig ist, und freuen uns über diesen positiven Kurszuwachs.
Ob sie das nächste Mal ihre Tochter zur Übungsstunde mitbringen dürfe, fragt Frau Bl. später die Kursleiterin.
„Gerne“, ist die Antwort, „wenn Ihre Tochter nicht zu jung ist.“
Nein, zu jung ist Marion nicht, meint Frau Bl., und aus purer Neugierde frage ich: „Wie alt ist sie denn?“
Marion ist 22, Frau Bl. 46 Jahre, und in der Familie Bl. existieren noch zwei fast erwachsene Söhne.
Auf die Frage, wie sie es anstelle, so wesentlich jünger auszusehen, als sie tatsächlich ist, weiß Frau Bl. keine Antwort. „Dabei geht es mir im Moment überhaupt nicht gut“, sagt sie und berichtet über die Beschwerden, von denen sie Besserung durch Yoga-Gymnastik erhofft.
Leichte Benommenheit, „manchmal ist mir, als sähe ich alles durch einen Schleier“; körperliche Unruhezustände, „ich möchte Holz hacken oder mit Armen und Beinen strampeln, um diese Unruhe loszuwerden“.
Nächtliches Schwitzen und die Unruhe lassen sie schlecht schlafen, so daß sie sich oft völlig zerschlagen und ausgepumpt fühlt.
„Liebe Frau Bl.“, hat ihr Arzt gesagt, „das ist das Klimakterium. Es gibt zwei Möglichkeiten für Sie, mit den Beschwerden fertig zu werden: entweder lassen Sie Östrogene für sich arbeiten, ich gebe Ihnen Pillen oder Spritzen, das hilft, wenigstens vorübergehend – oder Sie werden selber aktiv und versuchen, die Unruhe und Benommenheit zu bekämpfen; der Schlaf kommt dann von alleine wieder, schwitzen werden Sie allerdings noch ein Weilchen.“
Daraufhin meldete sich Frau Bl., deren einzige sportliche Betätigung bisher in gelegentlichen Spaziergängen bestand, in einer Tennisschule und zur Yoga-Gymnastik an.
Wir dehnen und strecken unsere Muskeln nun schon seit zwei Jahren im gleichen Kurs. Östrogen hat Frau Bl. in dieser Zeit nicht gebraucht. Sie sieht immer noch 10 Jahre jünger aus, und wenn sie in Sportkleidung neben ihrer Tochter steht, vermutet niemand, der sie nicht kennt, in ihr die Mutter.

Melissentee und Möhren

Meine Kollegin I. – Jahrgang 1936, kinderlos – ist zierlich, klug, bewundernswert ordentlich und energisch. Es fällt ihr nicht schwer, zugunsten ihrer schmalen Taille auf Kuchen und Konfekt zu verzichten.

Wenn Frau I. nicht beruflich, als Schöffe, für ihre Partei, für ihre umfangreiche Familie oder andere Leute unterwegs ist, versucht sie, Herrn I.s liebenswerte Schlampigkeit und Verfressenheit zu bekämpfen. Sie spricht deutsch, italienisch, englisch und französisch mit ihm, kann auf russisch schimpfen und hätte die Energie, in sechs Wochen Japanisch zu lernen, wenn sie damit den Speck ihres Mannes zum Schmelzen brächte. Husten und Halsschmerzen vertreibt sie mit Salzwasser, sowie sich die ersten Bazillen in ihr breitmachen. Gegen Schnupfen hilft im allgemeinen Tausendgüldenkraut, und kalte Füße werden nach strengen Kneipp-Vorschriften behandelt.

Krankheiten sind kein Thema, über das wir uns lange unterhalten.

„Gucken Sie mich bloß an", stöhnt sie eines Tages. Puterrot bis über beide Ohren, die Augen weit aufgerissen, schnappt sie nach Luft. „Seit drei Tagen habe ich diese verrückten Anfälle. Ob ich krank werde?"

Meine vier Jahre ältere Lebenserfahrung berechtigt mich zu weisem Grinsen.

„Das Alter, meine Liebe, das Alter." Sie versteht natürlich nicht, was ich da zurückhaltend andeuten will. Denn „man" spricht ja nicht über dieses „Problem".

Als ich mit brutaler Offenheit sage: „So fängt bei den meisten Frauen das Klimakterium an", fällt sie vor Lachen fast vom Stuhl.

„Nein, nein, bei mir funktioniert noch alles ganz gut. Und außerdem bin ich viel zu jung."

Ein paar Tage später holt sie eine Pillenschachtel aus der Tasche. „Homöopathie, gestern vom Arzt verordnet. Sie hatten tatsächlich recht. Hoffentlich hilft das Zeug."

Es hilft gut. Nur ganz selten stöhnt Frau I. mit rotem Kopf „Luft", und wenn das Blut wieder da ist, wo es ordentlicherweise

hingehört, beschließt sie energisch, den Rest dieses Tages mit Melissentee und geriebenen Möhren zu verbringen.
Hat sie noch andere Beschwerden, meine Kollegin I.?
„Ach wissen Sie“, ist ihre etwas gelangweilte Antwort, „manchmal habe ich das Gefühl, als ob ich mich schneller und heftiger aufrege als früher. Aber das kann auch andere Ursachen haben, oder ich bilde es mir nur ein. Dieses Parteiengezänk – waren Sie Freitag in der Stadtverordnetenversammlung? Ein unvorstellbares Durcheinander. Da müßte mal jemand Ordnung reinbringen. Ich habe anschließend eine ganze Kanne Melissentee gebraucht, um mich wieder zu beruhigen.“

Ich erfahre täglich die Hölle

Es gibt Menschen, die nie im Leben die Schwierigkeiten ihrer Pubertät überwinden. Sie sind bockig, ich-bezogen, voller Launen, nicht in der Lage, Verantwortung zu übernehmen. Es gibt auch Menschen, die mit den Schwierigkeiten des Klimakteriums nicht fertig werden.
Frau L. gehört zu diesen glücklicherweise seltenen Frauen. Es fällt mir schwer, über sie zu berichten. Sie ist im Grunde ihres Wesens eine hilfsbereite, interessante und interessierte Frau und könnte ihren äußeren Lebensumständen nach ein ausgefülltes und abwechslungsreiches Leben führen.
Statt dessen zerstört sie ihr Leben und das ihres Mannes. „Ich erfahre täglich die Hölle“, sagt sie und läßt bereitwillig jeden an dieser Hölle teilnehmen. Freunde und Bekannte können die Leidensgeschichte und Selbstanklagen der Frau L. nicht mehr ertragen und ziehen sich zurück. Ständig auf der Suche nach neuen Menschen, die sie trösten, bewundern, bemitleiden sollen, erfährt sie natürlich oft Ablehnung und Unverständnis.
„Mein Mann liebt mich nicht, meinen Freunden bin ich gleichgültig, kein Mensch kümmert sich um mich. Eine alte Frau bin ich, die niemand mehr mag.“
Diese alte Frau ist 1921 geboren. Sie hat eine mädchenhaft graziöse Figur, jugendliche Bewegungen und ist rundherum hübsch anzusehen. Gäbe es nicht den traurigen Mund, die trüben, aus-

druckslosen Augen, könnte sie Vorbild für all jene sein, die sich vor dem Älterwerden fürchten.
Die Tragödie Frau L.s begann, als bei ihr mit 49 Jahren das Klimakterium einsetzte. Vorher unterschied sie sich in ihrer Lebensführung höchstens dadurch von anderen Frauen, daß sie sich besonders sorgfältig pflegte und auffallend geschmackvoll kleidete. Sie versorgte Haus und Garten, bemutterte die spätgeborene Tochter, führte das Büro ihres Mannes in dessen Abwesenheit und feierte mit ihrem großen Freundeskreis fröhliche und originelle Feste.
„Wenn Irene aus dem Haus geht, fange ich wieder an zu malen", sagte sie oft. In ihrer Jugend hatte sie die Ausbildung zur Kunsterzieherin abbrechen müssen, um Geld zu verdienen.
Irene war noch nicht aus dem Hause, als ihre Mutter zu malen begann und bald Erfolg mit den Bildern hatte.
Dann, innerhalb weniger Wochen, änderte sich Frau L. in kaum faßbarer Weise. Sie machte den Eindruck einer schwer leidenden Frau und klagte über Migräneanfälle mit Sehstörungen, über Gliederschmerzen, unerträgliches Prickeln auf der Haut, über häufige Schweißausbrüche und Schlaflosigkeit.
Der Arzt diagnostizierte: schwere klimakterische Störungen und verordnete eine Behandlung mit Östrogen. Die Östrogene werden in Form von Spritzen verabreicht. Einige Tage nach der Spritze bessert sich der Gesundheitszustand Frau L.s, die Gliederschmerzen verschwinden, die Schweißausbrüche lassen nach. Was bleibt, ist die Migräne, sind die Sehstörungen und die Depressionen.
„Das ist das Alter", jammert Frau L., „ich habe mich immer davor gefürchtet und wußte, daß es schrecklich wird. Ich kann mich einfach nicht mehr ertragen. Und wer mag schon so ein altes Wrack wie mich? Eines Tages mache ich Schluß!"
Dieser Zustand dauert schon über zehn Jahre.
Mit 52 Jahren verließ sie ihren Mann, um mit einem libanesischen Studenten ein neues Leben zu beginnen. Herr L. holte seine Frau zurück. Er gab die gut bezahlte Außendiensttätigkeit auf, um mehr Zeit für seine kranke Frau zu haben. Zwei Jahre später unternahm Frau L. einen Selbstmordversuch. Es folgten längere Aufenthalte in verschiedenen Nervenkliniken. Irgend-

wann, als sie wieder zu Hause ist, wird ihr Verhältnis mit einem italienischen Kellner zum Stadtgespräch. Jetzt ist es Herr L., der durchdreht und einen Selbstmordversuch unternimmt.
Weder Nervenärzte, Psychiater, Gynäkologen, Kuraufenthalte, Bildungsreisen noch nachbarschaftliche Hilfe, Zuspruch und Unterstützung von Freunden können Frau L. aus ihrem verzweiflungsvollen Leben befreien. Sie raucht täglich bis zu vierzig Zigaretten, trinkt jeden Abend regelmäßig ihre Flasche Wein und nach den Mahlzeiten einen möglichst großen Cognac.
Wenn man sie fragt, wie ihr angeschlagener Körper das verkrafte, antwortet sie resigniert: „Mit mir ist es doch bald zu Ende. Oft spüre ich, daß mein Herz kaum noch schlägt. Der Hauch des Todes umgibt mich schon."
Es stört sie nicht, daß lockere Zungen behaupten, dieser Tod würde angenehm nach gutem Cognac riechen.
Fragt man, wie sie es bei ihrer miserablen Gesundheit schaffe, die hübschen Bilder, Plakate und Karten zu malen und tagelang auf Ausstellungen und Basaren unterwegs zu sein, passiert es, daß sie sich weinend die Haare rauft: „Die Menschen wollen meine Bilder. Ich kann nicht aufhören. Es wäre grausam meinem Publikum gegenüber. Lieber richte ich mich täglich zugrunde. Möchten Sie ein paar Karten kaufen?"

Ich hänge mich trotzdem nicht auf

Die erstaunlichste Aussage über Wechseljahrsbeschwerden stammt von Frau T., im vertrauten Kreis auch Essigzwiebel genannt. Sie ist verheiratet, hat keine Kinder und sagt hemmungslos, was sie denkt. Ihre Gedanken hält sie für die einzig richtigen auf dieser sowieso verrotteten Welt.
„Klimakterische Beschwerden? Hab' ich seit meinem dreizehnten Lebensjahr. Schlimmer als jeden Monat einmal kann es mir überhaupt nicht gehen. Ich hänge mich trotzdem nicht auf. Die Freude kann ich meinem Mann nicht machen."

Die Wechseljahre nehmen wir nicht zur Kenntnis

Die klarste Aussage über das Klimakterium macht eine junge Beraterin im Frauenladen unserer Stadt. Auf meiner Suche nach Literatur zum Thema „Wechseljahre" hoffe ich dort endlich fündig zu werden.
„Literatur über Wechseljahre willst du?" Streng trifft mich der Blick aus braunen Augen. „Die Wechseljahre nehmen wir nicht zur Kenntnis."
Was soll ich darauf antworten?
Als ich noch nach den passenden Worten suche, ergreift sie energisch meine Hand. Jedes Wort eine Schlagzeile, schmettert sie: „Verstehst du, wir nehmen sie nicht zur Kenntnis, nicht zur Kenntnis!" Und dann: „Die Wechseljahre sind ein Machtmittel in der Hand des Mannes zur Beherrschung und Ausbeutung der Frau!"
Schmal und empört steht sie in ihrem Laden; 20 oder 22 Jahre ist sie, schätze ich und habe das Bedürfnis, ihr etwas Nettes zu sagen. Zu meinem Ärger gifte ich sie an: „Du sprichst sicher aus Erfahrung."
Das Wort Erfahrung stimmt sie versöhnlich. Sie greift wieder nach meiner Hand. „Bist du bi?" will sie wissen, und ohne eine Antwort abzuwarten: „Würdest du bei uns über deine Erfahrungen und Beschwerden mit der Menstruation berichten?"
Bevor sie mit dem Interview beginnt, kann ich gerade noch den Laden verlassen.

Beschwerden der Wechseljahre und ihre Ursachen

Bleiben Sie ruhig und gelassen

Ende Juli war ich bei einer Kollegin zum Geburtstag eingeladen. Das Geburtstagskind wurde 40 Jahre.
Anstelle des Sommerblumenstraußes hätte ich besser weiße Lilien geschenkt. Es war ein Tag der Trauer! Die Zeit der Jugend, der Schönheit und des Erfolges wurde zu Grabe getragen. Tiefe Melancholie umgab die Gastgeberin wie ein Heiligenschein. Hängt die Freude am Leben tatsächlich von faltenloser Haut, Jugendlichkeit und Erfolg bei Männern ab?
Ist das, was einer Frau über vierzig bevorsteht, so entmutigend, daß man sich davor fürchten muß?
Wenn *das* für alle Frauen zuträfe, was beim Geburtstagskaffee über Geschlechtsgenossinnen zwischen 40 und 55 Jahren berichtet wurde, müßte man tatsächlich mit 40 Jahren fröhlich zu einem festen Strick greifen. Ehemänner oder Liebhaber, die immer nur das eine wollen, was sie natürlich bei jüngeren Frauen viel besser finden, könnten uns nicht mehr betrügen oder verlassen. Vielleicht würden sie nun, wo es zu spät ist, erkennen, was sie an uns gehabt haben. Und allen diesen grauenvollen körperlichen und psychischen Veränderungen würde man aus dem Wege gehen.
Mütter, Tanten, beste und zweitbeste Freundinnen, Nachbarinnen, Kolleginnen – soweit sie über 55 sind, müssen die Hölle hinter sich haben. Und die wenigen Frauen, die ohne Anzeichen körperlicher oder geistiger Beschädigung 50, 55 oder 60 Jahre wurden, sind kein Maßstab, nicht wahr? Vielleicht verstehen sie nur meisterhaft, ihr Leiden vor der Umwelt zu verschleiern?
Der Geburtstagsnachmittag war dazu angetan, einer Frau in

mittleren Jahren klarzumachen, daß sie so gut wie nichts mehr vom Leben zu erwarten hat.
Ist das, was auf jede Frau zwischen dem 40. und 60. Lebensjahr zukommt, was mit Klimakterium und klimakterischen Beschwerden bezeichnet wird, tatsächlich so grauenvoll?
Lesen Sie, was ich an möglichen Beschwerden zusammengetragen habe, und genießen Sie die Gänsehaut, die Ihnen diese Aufstellung wahrscheinlich verursachen wird. Denn – und das möchte ich vorher noch sagen – wer von allen diesen kleinen und großen Übeln geplagt wird, ist tatsächlich ein bedauernswerter Mensch.
Allerdings sind diese Fälle so selten, daß Sie sich davor nicht fürchten sollten. Etwa 15 %–20% aller Frauen überstehen die Zeit des Klimakteriums ohne Probleme. Warum sollten Sie nicht zu dieser Gruppe gehören?
Außerdem gibt es Mittel gegen die Beschwerden, viele und wirkungsvolle Mittel; Mittel, die der Arzt verschreibt, und Mittel, die Sie aus eigenen Kräften einsetzen können.
Nehmen Sie also folgende Aufstellung gelassen zur Kenntnis!

Vasomotorische Störungen treten sehr früh, meist schon vor Beginn der Menopause auf:
Hitzewallungen
Schweißausbrüche
Schlaflosigkeit
Herzklopfen
Schwindelgefühl
Kopfschmerzen, Migräne

Psychische Störungen können die vasomotorischen Störungen begleiten oder später auftreten:
Angstgefühle, eingebildete Ängste
Erregbarkeit
Depressionen
Erschöpfungszustände
Gefühlsausbrüche aus unerheblichen Anlässen
Hysterie
Lustlosigkeit

Nervosität
Niedergeschlagenheit
Überempfindlichkeit
Weinkrämpfe

Stoffwechselstörungen entstehen einige Jahre bis zwei Jahrzehnte nach der Menopause:
Atrophie der Scheidenhaut (trocken und dünner werdend)
Schmerzhafter Sexualverkehr
Scheidenentzündungen (Jucken im Scheidenbereich, Ausfluß)
Atrophie der Harnleiter und der Blase
Harnleiterentzündungen, Blasenentzündungen
Inkontinenz (unkontrollierter Harnabgang beim Husten, Niesen, Lachen, schnellen Bewegungen)
Erschlaffen des Bindesgewebes der Haut
Faltenbildung
Veränderung der Behaarung
Osteoporose (Leichter- und Dünnerwerden der Knochen, Knochenbrüche, vor allem des Oberschenkelhalses, Handgelenks und der Wirbelsäule, sogenannter Witwenbuckel).
Rückenschmerzen
Arthrose
Arteriosklerose, Herzinfarkt
Bluthochdruck

Biologische Vorgänge im Klimakterium

Um zu verstehen, wie es zu dieser Vielfalt von Beschwerden kommen kann, müssen wir uns einige biologische Tatsachen ins Bewußtsein rufen.
Erinnern Sie sich noch, was Sie vor vielen Jahren in der Schule über Stoffwechselvorgänge, über Nervensystem und Nervenfunktion, über die Bedeutung von Hormonen lernten?
Sie wissen natürlich, daß jeder Mensch Nerven hat, daß unsere Sinnesorgane mit Hilfe der Nerven funktionieren und daß Nervenschäden schlimme Folgen haben, die bis zur Lähmung des gesamten Körpers führen können. Aus Erfahrung wissen Sie,

daß Menschen mit stabilen Nerven nicht so leicht aus der Ruhe zu bringen sind und daß derjenige mit den schlechteren Nerven dazu neigt, überempfindlich und nervös zu reagieren.
Vielleicht wissen Sie auch etwas über Hormone? Ja, es gibt sogenannte „männliche“ und „weibliche“ Hormone. Hormone steuern die Körperentwicklung und sind für die Bildung der Geschlechtsmerkmale verantwortlich. Mein Biologielehrer gab Sonja, die unter ihrer kolossalen Oberweite litt, eine Arbeit zurück mit der bösen Bemerkung: „Fünf! Bei Ihnen scheinen leider nur die Hormondrüsen zu arbeiten.“
Und Stoffwechselvorgänge, was versteht man darunter?
Vielleicht mußten Sie in der Schule lernen: „Aufgabe unseres Speichels ist es, die Kohlehydratverdauung durch Umwandlung von Stärke in Zucker vorzubereiten.“ Jeder gute Lehrer läßt zur Veranschaulichung dieser Tatsache seine Schüler so lange auf einem Krümel trockener Semmel kauen, bis auch der letzte staunt: „Wirklich, das Zeug schmeckt süß.“
Da haben wir einen Stoffwechselvorgang. Die Nahrung wird in den Verdauungsorganen *so* verändert, daß unsere Körperzellen sie aufnehmen und Energie daraus gewinnen können.
Hormone – Stoffwechsel: in diesen Bereichen unseres Körpers finden die hauptsächlichen Störungen im Klimakterium statt.
Ausgelöst werden diese Störungen durch die Eierstöcke. Die Eierstöcke sind mandelgroße Organe. Sie liegen im unteren Teil des Beckens, links und rechts von der Gebärmutter. Jede Frau weiß, daß die Eierstöcke in einem bestimmten Rhythmus befruchtungsfähige Eizellen abstoßen, sie merkt an den regelmäßig auftretenden Blutungen, daß die unbefruchtete Eizelle mit Teilen der Gebärmutterschleimhaut ausgeschieden wird.
Die Eierstöcke unterliegen, wie alle Organe unseres Körpers, bestimmten Alterungsprozessen. Irgendwann hören sie auf, Eizellen zu produzieren. Eine Frau, deren Eierstöcke die Funktion eingestellt haben, kann keine Kinder mehr kriegen. Bei manchen Frauen ist dies bereits mit 40 Jahren der Fall. Im allgemeinen erlischt die Eierstocktätigkeit in der Zeit zwischen dem 45. und 58. Lebensjahr, im Mittel um das 53. Lebensjahr.
Die Aufgabe der Eierstöcke besteht aber nicht nur darin, regelmäßig befruchtungsfähige Eizellen bereitzustellen. Mit der pe-

riodischen Eireifung und Eiabstoßung erfolgt gleichzeitig die Bildung von Geschlechtshormonen, den Östrogenen und Gestagenen. Beide Geschlechtshormone sind für alle Fortpflanzungsvorgänge von entscheidender Bedeutung. Sie beeinflussen und regulieren aber auch andere Körperfunktionen. Besonders wichtig für den störungsfreien und harmonischen Ablauf unseres Körpergeschehens ist das Zusammenwirken von Hormonen und Stoffwechselvorgängen.

In dem Zeitraum zwischen Pubertät und Nachlassen der Eierstocktätigkeit besteht bei den meisten Frauen ein stabiles Gleichgewicht. Jede Frau hat sich irgendwie an die regelmäßig auftretenden körperlichen Veränderungen gewöhnt. Manche Frauen leiden zwar vor oder nach der Monatsregel unter Nervosität, andere haben Kopf- oder Rückenschmerzen. Im Laufe von 30 und mehr Jahren kennt jedoch jede Frau die Reaktionen ihres Körpers und weiß aus Erfahrung, daß mit dem Monatszyklus verbundene Beschwerden auch regelmäßig verschwinden. Hormonproduktion und die übrigen Körperfunktionen wirken wieder harmonisch zusammen, körperliches Wohlbefinden ist die Folge.

Welch ein Schock für uns und unseren Organismus, wenn auf einmal so wichtige regulierende Stoffe wie die Geschlechtshormone nicht mehr oder nicht mehr ausreichend von den Eierstöcken produziert werden.

Stellen Sie sich bitte vor, in einem Haushalt mit Ölheizung ist der Ölvorrat mitten im Winter erschöpft. Neues Öl gibt es nicht. Welche Aufregung, welche bösen Folgen wären zu erwarten, was müßte alles getan werden, um besonders unangenehme Folgen zu verhindern. Der übliche Tagesablauf würde wahrscheinlich erheblich gestört.

Ganz ähnlich reagiert unser Körper, dem plötzlich zum störungsfreien Ablauf seiner Funktionen wichtige Stoffe fehlen. Die Störungen und Beschwerden, mit denen jede Frau rechnen muß, wenn die Eierstöcke aufhören zu arbeiten, werden also durch Mangel an bestimmten Hormonen, durch eine hormonelle Umstellung des Körpers hervorgerufen.

Zum Glück treten nie alle Beschwerden gleichzeitig auf. Manche Frauen leiden kaum unter klimakterischen Beschwerden.

Ich wies schon einmal darauf hin, daß nicht allein das Sinken der Hormonmenge im Körper für die Stärke und den Umfang der auftretenden Störungen verantwortlich ist. Die gesamte körperliche und seelische Verfassung einer Frau, ihre Lebenseinstellung, die Bewältigung des Alterns, ihr Verhältnis zur Umwelt und das Verhältnis der Umwelt zu ihr, können verstärkend oder mildernd auf die Beschwerden wirken.
Im folgenden Kapitel finden Sie eine ausführliche Beschreibung der Vorgänge, die sich im Körper der Frau abspielen, wenn die Funktion der Eierstöcke erlischt.

Geschlechtshormone und ihre Wirkung

Hormone sind Stoffe, die von bestimmten Drüsen unseres Körpers produziert und direkt in die Blutbahn abgegeben werden. Zu den wichtigsten Hormondrüsen des Menschen gehören: Zirbeldrüse (Epiphyse), Hirnanhangdrüse (Hypophyse), Schilddrüse, Nebennieren, Teile der Bauchspeicheldrüse und die Geschlechtsdrüsen. Abbildung A zeigt die Lage der Hormondrüsen im Körper.
Mit dem Blut werden die Hormone in alle Organe unseres Körpers transportiert und können dort wirksam werden. Sie beeinflussen fast alle Körperfunktionen.
Hormone steuern z. B. das Wachstum. Hormonstörungen können dazu führen, daß Menschen extrem klein bleiben oder außergewöhnlich groß geraten.
Hormone regulieren den Stoffwechsel. Sie nehmen Einfluß darauf, wie der Körper seine Nahrung verwertet. Bestimmte Formen der Fettleibigkeit können durch Hormonstörungen hervorgerufen werden. Die Zuckerkrankheit wird durch Fehlen des Hormons Insulin verursacht.
Normales Arbeiten der Nieren ist vom Vorhandensein bestimmter Hormone abhängig. Befinden sich zuviel oder zuwenig der betreffenden Hormone im Blut, wird die Nierentätigkeit und damit der Wasserhaushalt und die Entschlackung des Körpers gestört. Geschwollene Augenlider, Wasser in den Beinen, nervöse Störungen sind die Folge.

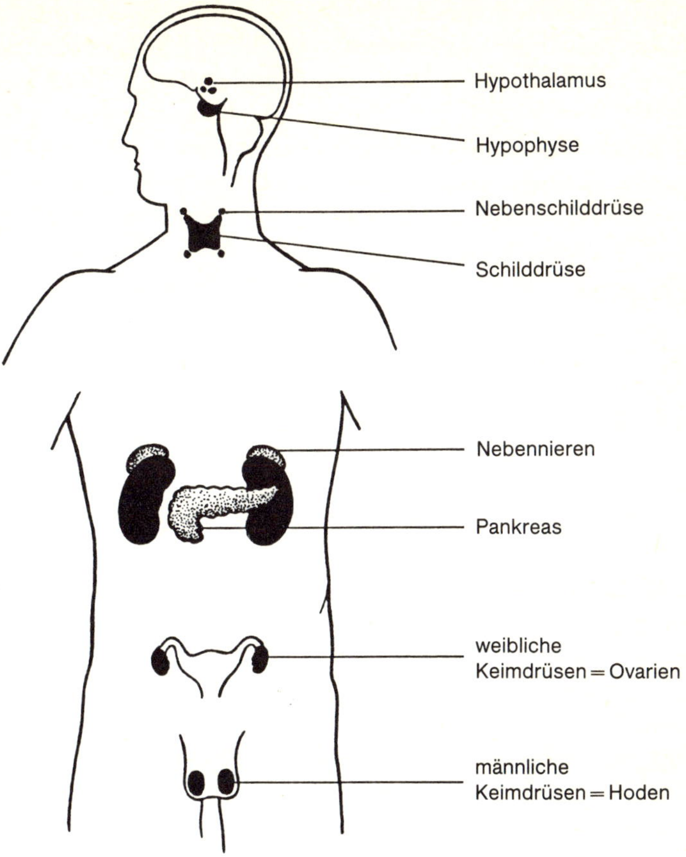

Lage der Hormondrüsen im Körper

Unsere Herztätigkeit und der Kreislauf werden von dem im Nebennierenmark gebildeten Hormon Adrenalin beeinflußt. Ist viel Adrenalin im Blut, reagiert der Mensch nervös, aufgeregt, beginnt zu schwitzen und kriegt einen roten Kopf. Adrenalinmangel ist mit niedrigem Blutdruck und geringer Erregbarkeit verbunden.

Es ist faszinierend, zu wissen, welche Vielzahl von Vorgängen im menschlichen Körper von Hormonen ausgelöst und beeinflußt wird.

Geschlechtshormone sind dabei von der gleichen Bedeutung wie alle anderen Hormone. Auf Seite 40 erwähnte ich bereits, daß Männer und Frauen unterschiedliche Geschlechtshormone haben. Die Wissenschaft bezeichnet „männliche" Hormone als Androgene. Das wichtigste männliche Geschlechtshormon ist das Testosteron. Vielleicht haben Sie die beiden Begriffe „Androgene" und „Testosteron" schon im Zusammenhang mit internationalen sportlichen Ereignissen gehört? Eine Dopingprüfung bei Frauen beruht darauf, zu ermitteln, ob sich besonders hohe Mengen dieser Stoffe im Körper der Sportlerin befinden.
Jede Frau hat außer den eigenen Geschlechtshormonen eine geringe Menge männlichen Hormons in ihrem Körper. Mit dem Ansteigen der Androgene, also der männlichen Hormone, tritt eine Vermännlichung der Frau ein. Für die Sportlerin bedeutet das eine verstärkte Entwicklung ihrer Muskeln und damit eine Steigerung der sportlichen Leistungsfähigkeit. Es können aber auch noch andere, unerwünschte Wirkungen eintreten.
Im Körper des Mannes bewirken Androgene die Entwicklung und Funktion der Geschlechtsorgane. Schamhaare und Bart wachsen. Auf die Kopfbehaarung wirken Androgene in entgegengesetzter Richtung: sie fördern die Glatzenbildung!
In der Pubertät verändert sich mit zunehmender Androgenproduktion der Kehlkopf bei Jungen. Das ist die Zeit des Stimmbruchs, es bildet sich die tiefe männliche Stimme. Außerdem werden bestimmte Stoffwechselvorgänge von Androgenen in *der* Art gesteuert, daß der Körper des Mannes mehr Muskelmasse als der weibliche Körper bildet. Männer haben daher meist mehr Kraft als Frauen, sie sind körperlich belastbarer und vollbringen bessere Leistungen im Sport.
Beim Mann sinkt in der Lebensmitte der Testosterongehalt im Körper. Damit ist in den meisten Fällen auch ein Nachlassen der Geschlechtstätigkeit verbunden.
Frauen, deren Körper besonders viel männliches Hormon produziert oder denen dieses Hormon von außen zugeführt wird, zeigen typisch männliche Körpermerkmale: Bartwuchs, Behaarung an Bauch und Brust, kräftige Muskeln, tiefe Stimme.
Androgene werden beim Mann in den Hoden und Nebennieren, bei der Frau in den Eierstöcken und Nebennieren gebildet.

Die Hormondrüsen des Mannes produzieren ebenfalls eine geringe Menge weiblicher Geschlechthormone. Störungen dieses Vorgangs können beim Mann zur Ausbildung weiblicher Merkmale führen. Mit gleichen Veränderungen rechnet man bei der Zufuhr weiblicher Geschlechtshormone von außen, z. B. durch die Nahrung. Erinnern Sie sich noch an die aufsehenerregenden Berichte über die Wirkung von östrogenhaltigem Hähnchen- und Kalbfleisch?

Die Bildung weiblicher Geschlechtshormone findet in den Eierstöcken statt, in der Schwangerschaft auch in der Gebärmutterschleimhaut.

Es gibt zwei Arten weiblicher Geschlechtshormone: Östrogene und Gestagene.

Östrogene steuern das Wachstum der Geschlechtsorgane. Gebärmutter, Eileiter, Scheide, Schamlippen, Brustdrüsen entwickeln sich unter dem Einfluß der Östrogene, die auch für den Stoffwechsel und für den Aufbau der Knochen von Bedeutung sind. Sinkt der Östrogengehalt im Blut sehr stark, verändert sich die Scheidenschleimhaut, die Brustdrüsen werden kleiner, der Kalkgehalt der Knochen nimmt ab, Muskel- und Bindegewebe bilden sich in geringem Maße.

In den ersten 14 Tagen jedes Monatszyklus steigt die Östrogenmenge im Blut. Während der Eireifung wird in den Eierstöcken besonders viel Östrogen gebildet. Mit der Abstoßung des befruchtungsfähigen Eis geht die Östrogenproduktion zurück. Jetzt werden in großer Menge Gestagene gebildet.

Gestagene entfalten ihre Wirksamkeit in Hinblick auf die befruchtete Eizelle. Sie veranlassen die Umbildung der Gebärmutterschleimhaut, so daß sich ein befruchtetes Ei dort festsetzen und entwickeln kann. Gestagene regen auch Teile der Brustdrüse zur Milchbildung an. Da die Gestagene eine so große Bedeutung für die Entwicklung des Kindes im Mutterleib haben, bezeichnet man sie als Mutterschafts- oder Schwangerschaftshormone.

Der Gestagengehalt im Körper steigt nach dem Eisprung, also etwa in der Mitte eines Monatszyklus. Damit ist eine Erhöhung der Körpertemperatur um etwa 0,5 Grad verbunden. Auf dieser Tatsache beruht die morgendliche Temperaturmessung als empfängnisverhütende Methode. Das Ansteigen der Temperatur signalisiert: ein befruchtungsfähiges Ei ist auf dem Weg in die Gebärmutter!

Für die Steuerung aller Hormondrüsen ist die Hypophyse verantwortlich. Ihre Hormone wirken beim Mann und bei der Frau regulierend auf die Tätigkeit der Geschlechtsdrüsen.

Im weiblichen Körper besteht eine enge Wechselwirkung zwischen verschiedenen Hormonarten. Die Hormone der Hirnanhangdrüse können z. B. die Eireifung und damit die Östrogenproduktion in den Eierstöcken anregen. Andererseits hemmt ein bestimmter Östrogengehalt im Blut die Hormonbildung der Hirnanhangdrüse.

Was passiert in diesem wichtigen Organ, wenn plötzlich kein Östrogen als Bremse für die Produktion bestimmter Stoffe wirken kann?

Ein Auto mit defekter Bremse ist nicht verkehrstüchtig. Wir bringen es zur Reparatur.

Unser Körper versucht, sich selbst zu helfen. Die Hypophyse (Hirnanhangdrüse) gibt, wenn ihr Östrogenmangel gemeldet wird, vermehrt ein Hormon ab, das die Eierstöcke zur Östrogenproduktion anregen soll. Da sie nicht „weiß", daß die Eierstöcke nicht mehr in der Lage sind, Östrogene abzugeben, stellt sie immer mehr von diesem Hypophysenhormon her. Die Hirnanhangdrüse ist damit so überlastet, daß sie andere Aufgaben, die sie auch hat, z. B. die Temperaturregelung unseres Körpers, nicht mehr richtig wahrnehmen kann. Hitzewallungen und Schweißausbrüche sind die Folge und, wenn diese nachts auftreten, auch Schlafunterbrechung. Es kann Jahre dauern, bis sich die Überbelastung der Hirnanhangdrüse wieder ausgeglichen hat und ein neues Gleichgewicht entsteht. So lange dauern Hitzewallungen und andere vasomotorische Störungen.

Hypophysenhormone wirken allerdings auch auf andere Organe. Sie haben u. a. Einfluß auf das Wachstum der Brust. Mit dem Sinken des Östrogengehaltes im Körper kann durch gesteigerte Hypophysentätigkeit ein Anschwellen des Brustgewebes verbunden sein.

Hypophysenhormone beeinflussen außerdem den Blutdruck, die Nierentätigkeit, das Abwehrsystem unseres Körpers. Wird die normale Hypophysentätigkeit durch Östrogenmangel verändert,

kann sich das störend auf den Blutkreislauf, auf den Wasserhaushalt und auf das Abwehrsystem auswirken. Blutdruckschwankungen, Kreislaufstörungen, unnormale Wasseransammlungen im Gewebe, geschwollene Gliedmaßen, Anfälligkeit für Infektionskrankheiten wären als Folgeerscheinungen möglich.
Hormonproduktion und Stoffwechsel stehen in enger Wechselbeziehung. Sie beeinflussen sich gegenseitig in ihren Funktionen. Damit sind weitere Störungsmöglichkeiten in unserem Körper gegeben.

Hormone wirken auf den gesamten Organismus

Der Mensch verdankt dem richtigen Funktionieren seiner Sinneszellen und Nerven, daß er sehen, hören, schmecken und riechen kann, daß er Schmerz, Wärme und Kälte, Druck und Berührung wahrnimmt.
Das Nervensystem regelt Atmung, Verdauung, Stoffwechselvorgänge, Herz- und Kreislauftätigkeit, Fortpflanzung und Drüsenfunktion.
Den meisten Menschen ist kaum bewußt, welche Aufgaben die Nerven in seinem Körper erfüllen, wenn sich das Nervensystem im Gleichgewicht befindet und diese Harmonie nicht durch Vorgänge innerhalb oder außerhalb des Körpergeschehens gestört wird. Aber wer von uns kennt nicht das Gefühl, das einen veranlaßt, gequält zu stöhnen: „Meine Nerven, meine Nerven halten das nicht länger aus!“
Egal, ob jemand 20, 30 oder 40 Jahre alt ist, irgendwann macht er die Erfahrung, Nerven zu besitzen, und stellt fest, daß seine Nerven nicht beliebig strapazierbar sind.
Stark oder lang anhaltende Belastung der Nerven führt zu Nervosität. Die Nervosität drückt sich nicht bei jedem Menschen in gleicher Form aus. Im allgemeinen jedoch verspürt man eine innere Unruhe, die auch äußerlich sichtbar wird. Hände und Füße bewegen sich viel zu oft und ganz unkontrolliert, manche Menschen kratzen sich ununterbrochen, sind dauernd in Bewegung. Sie können sich nicht ruhig verhalten, geschweige denn ruhig sitzen.

Leichte und unangemessene Erregbarkeit ist ein Ausdruck von Nervosität. Herzklopfen, Schweißausbrüche, Verdauungsstörungen, Kopfschmerzen, Schlaflosigkeit – alle diese Beschwerden können nervöse Störungen sein. Viele nervöse Menschen leiden unter häufigen Stimmungsschwankungen. Aus scheinbar unerklärlichen Gründen werden sie von Unlustgefühlen und Depressionen befallen.
Die Ursachen für nervöse Störungen kann jeder verhältnismäßig leicht erkennen, wenn sie von außen auf seinen Körper einwirken. Er weiß, wann er wieder einmal zuviel und zu starken Kaffee trank, wann er mehrere Tage hintereinander zu spät ins Bett ging und natürlich nicht ausschlafen konnte, wann er besonders angestrengt und in unangenehmer Hetze arbeiten mußte. Die Nerven halten das nicht aus. Sie reagieren negativ. Nicht immer ist jedoch die Umwelt mit ihren Reizen und vielfältigen Ansprüchen schuld an einer Überbeanspruchung der Nerven. Innere Vorgänge in unserem Körper können genauso die Ursachen für empfindliche, leicht reizbare Nerven sein. Man ist nervös und weiß nicht, warum! Die Fliege an der Wand, das freundliche Grinsen eines Familienmitgliedes – wer hat noch nicht an sich selbst erlebt, wie man völlig grundlos eine Nichtigkeit zum Anlaß nimmt, um innere Spannungen abzureagieren.
Eine im Bereich des Körpers liegende Ursache für Störungen der Nervenfunktionen ist die Veränderung des Hormongeschehens. Wenn Frauen mit Beginn des Klimakteriums zu verstärkter Nervosität, zu Störungen des körperlichen und psychischen Gleichgewichts neigen, ist der Grund hierfür fast immer in hormonal bedingten nervösen Störungen zu suchen. Östrogene wirken auch im Bereich des Nervensystems, sie regen das vegetative Nervensystem an.
Erinnern Sie sich noch, was Sie früher einmal über den Aufbau und die Funktion des menschlichen Nervensystems lernten?
Das motorische Nervensystem, mit dessen Hilfe unsere Bewegungen ablaufen und koordiniert werden, unterliegt dem Willen. Jeder kann seinen Arm heben, wann und wo er es für nötig hält, kann laut oder leise sprechen, wie er will.
Viele Vorgänge unseres Körpers lassen sich jedoch nicht vom Willen lenken oder beeinflussen. Das Herz wird in Angst- oder

Schrecksituationen durch den Willen nicht in ruhigere Gangart gebracht. Niemand kann durch den Einsatz seines Willens die entgiftende Tätigkeit der Leber steigern oder die Nieren schneller arbeiten lassen. Das Nervensystem, dessen Funktionen unabhängig vom menschlichen Willen ablaufen, heißt autonomes oder vegetatives Nervensystem. Es regelt Atmung, Verdauung, Stoffwechselvorgänge, Herz-, Kreislauf- und Drüsentätigkeit sowie die Fortpflanzung.

Das vegetative Nervensystem besteht aus dem sympathischen und parasympathischen Teil. Sympathikus und Parasympathikus sind ein gegensätzliches Geschwisterpaar. Beide wirken anregend oder hemmend auf die Funktion bestimmter Organe. Sie arbeiten jedoch immer in entgegengesetzter Richtung: Dort, wo der Sympathikus anregt, hemmt der Parasympathikus; wo der Sympathikus hemmt, geht vom Parasympathikus eine anregende Wirkung aus.

Folgende Tabelle macht das deutlich:

Sympathikus	*Parasympathikus*
wirkt anregend auf: Herzfunktionen Kreislauf Atmung Durchblutung der Haut Durchblutung der Muskulatur Tätigkeit der Schweißdrüsen	*wirkt anregend auf:* Durchblutung und Tätigkeit der Verdauungsorgane Sekretion der Verdauungsdrüsen
hemmt: Durchblutung und Tätigkeit der Verdauungsorgane	*hemmt:* Herzfunktionen Kreislauf Durchblutung von Haut und Muskulatur

Die Östrogene – das sagte ich bereits – wirken im Bereich des vegetativen Nervensystems. Sie fördern die Tätigkeit des Parasympathikus.

Was geschieht nun im Körper, wenn zuwenig Östrogene vorhanden sind, um den Parasympathikus zu aktivieren? Natürlich, die

Tätigkeit des Sympathikus wird nicht oder nur unzureichend gebremst.
Die Tabelle zeigt, welche Körperfunktionen dadurch aus dem Gleichgewicht geraten. Gesteigerte Herzfunktion äußert sich in Herzklopfen und erhöhtem Blutdruck. Verstärkte Hautdurchblutung beruht auf der Erweiterung der Blutgefäße: hier liegt die Ursache für Hitzewallungen. Die Folge unregulierter Schweißdrüsenfunktion sind spontan und grundlos auftretende Schweißausbrüche.
Beobachten Sie bitte einmal, wann Sie unter Verdauungsträgheit leiden. Bei vielen Frauen ist dieses Symptom mit Hitzewallungen, Kreislaufstörungen oder Schweißausbrüchen verbunden.
Unser Körper bemüht sich, das durch die veränderte Hormonproduktion gestörte Gleichgewicht wiederherzustellen. Solange ihm das nicht gelingt, treten immer wieder Störungen im Wohlbefinden auf.
Dauer und Stärke der Beschwerden werden mitbestimmt vom langsamen oder schnellen Nachlassen der Östrogenproduktion, von der Stabilität oder Labilität des Nervensystems, von der Empfindlichkeit einzelner Organe gegenüber Veränderungen im Körpergeschehen.
Jede Frau ist diesen Vorgängen in ihrem Körper ausgesetzt. Sie kann aber aufgrund anderer körperlicher Voraussetzungen mehr oder weniger stark von den einzelnen Störungen betroffen sein.
Mit Hilfe des Willens lassen sich weder die Östrogenproduktion noch bestimmte Funktionen des vegetativen Nervensystems beeinflussen. Mit der Tatsache des Klimakteriums müssen wir uns abfinden.
Nicht hinnehmen müssen wir jedoch die mit dem Klimakterium verbundenen Beschwerden.
Bevor ich Ihnen Ratschläge zur Vermeidung oder Verringerung dieser mehr oder weniger großen Übel gebe, möchte ich im folgenden Kapitel die am häufigsten auftretenden Beschwerden beschreiben.

Typische Beschwerden

Wäre es nicht am empfehlenswertesten, der Liste mit den tausend Übeln keinen Blick mehr zu gönnen und sich zu entschließen, so weiterzuleben wie bisher und alle Beeinträchtigungen des Wohlbefindens zu erdulden oder nicht zur Kenntnis zu nehmen? Probieren Sie es!

Mein Versuch, die Beschwerden des Klimakteriums zu ignorieren, scheiterte jämmerlich. Nicht etwa weil das alles so unerträglich war! Aber manche Beschwerden ließen sich einfach nicht übersehen, und die Frage nach den Ursachen tauchte immer wieder auf. Außerdem wollte ich das Klimakterium möglichst problemlos hinter mich bringen und daher gerne wissen, was in meinem Körper geschieht. Das Wissen um Ursachen und Wirkungen gestörter Körpervorgänge erleichtert die Anwendung ganz gezielter Gegenmaßnahmen. Daher möchte ich die am häufigsten vorkommenden Störungen beschreiben.

Die möglichen Beschwerden, die auf Seite 38 f zusammengefaßt sind, lassen sich in zwei Gruppen aufteilen:

- vorwiegend körperlich feststellbare Störungen;
- vorwiegend in psychischen Bereichen auftretende Störungen.

Befassen wir uns zuerst mit den Störungen organischer Art.

Störungen des Monatszyklus

Das Klimakterium wird durch langsames Erlöschen der Eierstockfunktion ausgelöst. Sichtbarer Ausdruck dafür ist das Ausbleiben der Monatsregel.

Die monatlichen Blutungen können plötzlich aufhören. Ohne vorherige Störungen bleibt die Regel für immer aus.

Bei manchen Frauen werden die Blutungen von Monat zu Monat schwächer, um irgendwann ganz zu erlöschen.
Am unangenehmsten sind Zyklusstörungen, die oft der endgültig letzten Regel vorausgehen. Die Abstände zwischen den Zyklen verschieben sich, Dauer und Intensität der Regel schwanken. Zwischenblutungen treten auf, vor oder nach der Regel werden Schmierblutungen beobachtet, die Regel setzt einige Zeit aus, um dann wieder aufzutreten.
Bei sehr starken und lange anhaltenden Blutungen, Schmier- und Zwischenblutungen sollten Sie auf jeden Fall vom Arzt die Ursache feststellen lassen.
Bleibt die Regel länger als 12 Monate hintereinander aus, ist nicht mehr damit zu rechnen, daß die Blutungen erneut einsetzen. Im medizinischen Sprachgebrauch bezeichnet man die letzte Monatsregel als Menopause, die Zeit davor als Prämenopause und die Zeit nach der letzten Regel als Postmenopause.
Eine Schwangerschaft ist möglich, solange Monatsblutungen auftreten.

Hitzewallungen, Schweißausbrüche

Hitzewellen, fliegende Hitze oder aufsteigende Hitze sind andere Bezeichnungen für denselben Zustand.
Sind Sie im Winter schon einmal gut durchgekühlt in einen warmen Raum gekommen, und haben zum Aufwärmen einen Grog oder eine heiße Brühe getrunken?
Die Blutgefäße entspannen sich schlagartig und meist recht heftig. Irgendwo im Brustraum beginnt dieser Vorgang mit einer Hitzewelle, die zum Kopf aufsteigt. Man hat das Gefühl, tief durchatmen zu müssen, und schnappt nach Luft. Das Gesicht wird heiß und rot, oft auch Hals, Ohren und Teile des Oberkörpers.
In einen ähnlichen Zustand wird unser Körper durch Störungen des hormonalen Gleichgewichts versetzt. Während Grog oder Brühe unseren Kopf fröhlich weiterglühen lassen, klingt die Wärmeempfindung nach einer hormonell bedingten Hitzewelle schnell wieder ab. Der ganze Vorgang dauert oft nur Sekunden.

Hitzewallungen sind die häufigsten und typischsten Begleiterscheinungen des Klimakteriums.
Manche Frauen leiden unter Hitzewallungen, obwohl ihr Monatszyklus noch keine Störungen erkennen läßt. Treten diese Wallungen bei Frauen auf, die das 40. Lebensjahr überschritten haben, ist das mit Sicherheit ein Hinweis auf das beginnende Klimakterium. Am häufigsten werden Hitzewallungen in der Zeit nach der letzten Regel beobachtet.
Häufigkeit und Intensität der Hitzeschübe sind nicht bei allen Frauen gleich. Sie können sich auch bei derselben Frau von Tag zu Tag ändern.
Die gleiche Ursache können scheinbar grundlose Schweißausbrüche haben. Manche Frauen leiden besonders heftig unter nächtlichem Schwitzen.
Entspannungsübungen, leichte und saugfähige Kleidung, körperliche Aktivität – das sind Maßnahmen, die Hitzewellen und Schweißausbrüche erträglich machen, aber nicht verhindern können.

Gewichtszunahme

Immer wieder hört man die Behauptung, daß jede Frau im Klimakterium mit einer Zunahme ihres Körpergewichts rechnen muß. Sie wird nicht nur faltig und alt, sie wird auch fett!
Stimmt diese Behauptung?
Einer Statistik zufolge leiden in Deutschland 47% aller Männer und 55% aller Frauen, die das 45. Lebensjahr überschritten haben, an Übergewicht. Jede zweite Frau über 45 wiegt mehr, als für ihre Gesundheit gut ist! Stimmt also die Behauptung, daß im Klimakterium das Körpergewicht steigt?
Sie stimmt, wenn man davon ausgeht, daß sich viele Frauen im Klimakterium falsch ernähren, daß sie mehr Nährstoffe zu sich nehmen, als ihr Körper benötigt. Für Männer würde übrigens dasselbe zutreffen!
Die Aussage stimmt nicht, wenn damit ausgedrückt werden soll, daß allein die hormonale Umstellung im Körper zu einer Gewichtszunahme führt, die man über sich ergehen lassen muß.

Viel richtiger wäre es, zu sagen, daß jede Frau für ihr Körpergewicht weitestgehend selbst verantwortlich ist. Die Fälle, in denen das Übergewicht durch Drüsenstörungen hervorgerufen wird, sind äußerst selten.
Viele Frauen haben jetzt mehr Zeit und Ruhe als in früheren Jahren. Sie behalten ihre Eßgewohnheiten bei, verbrauchen aber weniger Energie als in früheren Jahren. Der Überschuß an Nährstoffen wird als Fett im Körper gespeichert.
Veränderte Lebensgewohnheiten können dazu führen, daß mehr gegessen wird als früher. Es ist so gemütlich am morgendlichen Kaffeetisch, also genießt man ein ausgiebiges Frühstück. Nachmittags greift man vielleicht aus Langeweile öfter in die Keksdose, und wie oft tröstet man sich an trüben Tagen, wenn man so überhaupt nicht in Schwung kommt, mit einem leckeren Stück Kuchen oder ein paar Pralinen über die miese Stimmung hinweg. Wer Kummer hat, verdaut leider nicht schneller. All die kleinen Trosthappen setzen sich in Form von Speck auf Rippen und Hüften ab.
Die hormonellen Veränderungen im Körper können dazu führen, daß der Verdauungsvorgang langsamer verläuft. Alle Speisen bleiben länger im Körper. Sie werden besser von den Verdauungssäften aufgeschlossen und liefern dem Körper mehr Nährstoffe als bei einer kurzen Verweildauer im Verdauungstrakt. Hier liegt ebenfalls eine Möglichkeit für die Zunahme des Gewichts.
Die hormonelle Umstellung kann auch den Wasserhaushalt des Körpers beeinflussen. Es wird weniger Wasser ausgeschieden als früher. Die Erhöhung der Wassermenge im Gewebe drückt sich natürlich im Ansteigen des Gewichts aus. Das Körpergewicht kann sich von einem Tag zum anderen um 1–2 Kilo erhöhen. Man hat plötzlich das Gefühl, schwer und aufgedunsen zu sein. Oft sind die Augenlider, die Hände und die Füße geschwollen. Meist normalisiert sich das Gewicht innerhalb weniger Tage wieder.
Falls Ihr Gewicht im Laufe des Klimakteriums gestiegen ist, nehmen Sie das nicht als naturbedingte Tatsache hin. Forschen Sie nach den Ursachen, und versuchen Sie, eine weitere Gewichtszunahme zu verhindern, wenn Sie Übergewicht befürchten müssen.

Prüfen Sie,

- ob Sie mehr, besser, öfter, anders und anderes essen und trinken als früher,
- ob Sie jetzt ruhiger, bequemer, bewegungsärmer leben,
- ob Sie manchmal durch Nervosität oder ein Gefühl der Leere zum Essen verleitet werden,
- ob Ihr Darm und Ihre Nieren gleichmäßig arbeiten.

Veränderungen von Haut und Behaarung

Die meisten Frauen finden sich damit ab, daß ihre Haut mit zunehmendem Alter an Straffheit verliert, möglicherweise empfindlicher und trockener wird, daß sich Runzeln und Falten bilden. Sie wissen: Das gehört zum Älterwerden.

Mit Hilfe von Kosmetik, Massagen und gesunder Ernährung lassen sich diese Alterungsprozesse verlangsamen. Äußere Einwirkungen halten *die* biologischen Prozesse eine Zeitlang in Gang, für die bisher Hormone zuständig waren. Auf die Dauer jedoch kann der ständige Hormonmangel nicht durch Hautpflege ausgeglichen werden. Wir müssen uns mit dem Alterungsprozeß unserer Haut abfinden. Es gibt so viele gut aussehende, fröhliche Frauen, die scheinbar überhaupt nicht unter der mit ihnen gealterten Haut leiden. Sie haben die richtige Einstellung zu ihrem Körper gefunden.

Selten kommen Hautveränderungen vor, die wirklich unangenehm sind und sich außerdem schwer beheben lassen. Sollten Sie Veränderungen der Hautpigmentierung beobachten – die Bildung heller oder bräunlicher Flecken auf Händen, Armen oder im Gesicht –, fragen Sie Ihren Arzt, was dagegen zu unternehmen ist.

Mit dem Sinken der Östrogenproduktion verbindet sich oft eine weitere Erscheinung: die Behaarung zeigt Veränderungen. Das Kopfhaar kann an Dichte verlieren, die sogenannten „Geheimratsecken“ entstehen, der Haaransatz über den Schläfen bildet sich durch Haarausfall zurück. Bei manchen Frauen verstärkt sich die Gesichtsbehaarung über der Oberlippe und am Kinn. Oft wachsen einzelne, kräftige Haare am Kinn: ein deutlicher

Hinweis, daß im Körper der Frau auch „männliche" Hormone wirken.
Hautärzte und Kosmetikerinnen sind in der Lage, unerwünschte Behaarung dauerhaft zu entfernen.
Auch an den Schleimhäuten unseres Körpers macht sich der Östrogenmangel bemerkbar. Die Stoffwechselvorgänge in den Zellen ändern sich, neue Zellen entstehen langsamer, alte Zellen bleiben als Hornschicht erhalten, Störungen in der notwendigen Feuchtigkeitsregulierung treten auf.
Viele Frauen spüren diese Vorgänge kaum oder erst mit fortgeschrittenem Klimakterium.
Besonders unangenehm sind Schleimhautveränderungen im Bereich der Scheide. Sie können die Ursache für Jucken und Entzündungen, für Schmerzen beim Geschlechtsverkehr sein. Durch eine einfache Untersuchung – z. B. in Verbindung mit der Vorsorgeuntersuchung – lassen sich die Ursachen für Beschwerden im Genitalbereich feststellen. Meist verschwinden sie schnell bei Behandlung mit östrogenhaltigen Salben.
Lesen Sie bitte im Kapitel über Ernährung (S. 85f), wie richtige Nahrungswahl zur Verbesserung der Hautfunktionen beitragen kann.

Osteoporose

Haben Sie sich schon einmal Gedanken darüber gemacht, warum Frauen nach dem Überschreiten der Lebensmitte häufiger unter Knochenbrüchen leiden als Männer?
Die Zunahme der Knochenbrüche mit steigendem Alter ist nicht darin zu suchen, daß sich Frauen unsicherer und unkonzentrierter bewegen als Männer. Sie ist eine Spätfolge des Östrogenmangels. Fehlt Östrogen im Körper, kann die Knochenbildung beeinträchtigt werden, ist der Abbau von Mineralstoffen aus der Knochensubstanz möglich. Die Festigkeit und Stabilität der Knochen nimmt ab, die Knochen brechen bei geringer Belastung. Oberschenkelhalsbrüche sind oft eine Folge der Entmineralisierung. Besonders schlimm wirkt sich die Osteoporose auf die Wirbelsäule aus. Haltungsschäden, starke Schmerzen, Ver-

schiebungen und Verkrümmungen im Wirbelsäulenbereich sind die Folge.
Die Krankheit macht sich erst Jahre nach der letzten Regel bemerkbar, und bereits eingetretene Knochenveränderungen sind dann nicht mehr rückgängig zu machen.
Zum Glück leidet nicht jede Frau unter Osteoporose. Mediziner halten die vorbeugende Verabreichung von Östrogenen für das sicherste Mittel, die Entmineralisierung der Knochen aufzuhalten. Untersuchungen ergaben, daß körperliche Aktivität, vitamin- und kalziumreiche Ernährung dem Abbau von Knochensubstanz entgegenwirken.
Lesen Sie hierzu bitte aufmerksam, was in dem Ernährungskapitel über Vitamine gesagt wird.

Veränderungen der Brust

Jede Frau versteht ohne Schwierigkeiten, daß mit sinkender Hormonproduktion eine Erschlaffung oder Rückentwicklung der Brust verbunden sein kann. Der Wirkungszusammenhang ist klar: Das Drüsengewebe der Brust entwickelt sich unter dem Einfluß der weiblichen Geschlechtshormone, folglich kann es bei Verringerung der Hormonmenge im Körper auch zurückgebildet werden.
Auf die Entwicklung der Brust wirken aber – außer Östrogenen und Gestagenen – noch weitere, von der Hypophyse erzeugte Hormone. An anderer Stelle wies ich bereits darauf hin, daß die Hypophyse durch vermehrte Hormonabgabe versucht, die Eierstöcke zu möglichst ausreichender Östrogenproduktion anzuregen. Es befinden sich also mehr Hypophysenhormone als früher im Blut. *Eine* Reaktion des Körpers auf diesen Zustand kann darin bestehen, daß die Entwicklung des Brustgewebes angeregt und die Brust größer und straffer wird. In dem Maße, in dem sich ein neues hormonales Gleichgewicht einpendelt, verkleinert sich die Brust wieder.

Durchblutungsstörungen

Kennen Sie das Gefühl, das bei mangelnder Durchblutung der Gliedmaßen entsteht? Wir sagen: „Das Bein ist eingeschlafen" oder: „Die Finger sind abgestorben."

Abgestorbene Finger oder Zehen sind weiß – also nicht oder unzureichend durchblutet – gefühllos, schlecht zu bewegen. Durchblutungsstörungen entstehen häufig durch Kälteeinwirkung oder das Abdrücken von Adern, z. B. bei schlechter Sitzhaltung. Sobald das Blut wieder kräftig in den abgestorbenen Körperteilen zirkuliert, rötet sich die Haut, es sticht, juckt und prickelt, bevor sich ein wohltuendes Gefühl von Wärme und Entspannung einstellt.

Im Klimakterium treten Durchblutungsstörungen auch bei Frauen auf, die früher selten oder nie unter diesen Beschwerden litten. Besonders nachts werden Arme oder Beine, Hände oder Füße taub, in den Gliedmaßen entsteht ein eigenartiges Kribbeln und Prickeln. Bei Bewegung und leichter Massage verschwinden diese Beschwerden meist schnell.

Durchblutungsstörungen führen zu Muskelschmerzen und Muskelkrämpfen, können die Ursache für Müdigkeit, Erschöpfung, Kopfschmerzen und Migräne sein.

Schnell vorübergehende und wenig heftige Durchblutungsstörungen sind relativ harmlos. Bei jeder Störung wird jedoch ein Teil des Körpergewebes unzureichend mit Sauerstoff versorgt. Wer trotz Massage, Gymnastik und Bewegung unter häufigen und heftigen Durchblutungsstörungen leidet, sollte seinen Arzt um Rat fragen.

Psychische Störungen

Und nun zu den Beschwerden, die vorwiegend im psychischen Bereich sichtbar werden!

Die Ursachen für Lustlosigkeit, Schwankungen im Gefühlsleben, scheinbar unbegründete Gefühlsausbrüche, Depressionen und Angst können durchaus im gestörten Gleichgewicht des Körpers liegen.

Viele Frauen kennen das aus der Zeit des regelmäßigen Zyklusverlaufes: Während des Follikelsprunges oder kurz vor der Regel litten sie unter Nervosität, Konzentrationsstörungen, mit Heißhunger verbundenen Unruhegefühlen. Die gleichen Erscheinungen können durch Störungen des Hormonhaushaltes im Klimakterium auftreten.
Auch körperliches Unbehagen beeinflußt psychische Prozesse. Jeder versteht, daß ein von Zahnschmerzen geplagter Mitmensch eher gereizt und heftig als gelassen und freundlich reagiert. Einer Frau, die nachts unter heftigen Schweißausbrüchen leidet, dürfte es schwerfallen, am folgenden Tag heiter und ausgeruht ihre Aufgaben zu erfüllen. Mit dem Umfang ihres Pflichtenkreises steigt die Wahrscheinlichkeit, daß Nervosität und Gereiztheit nicht mehr zu unterdrücken sind. Die Gefahr, in einen Teufelskreis zu geraten, ist groß.
Oft neigen nervöse Menschen zu einer Überbewertung ihrer Beschwerden, oder sie halten aufgrund ihrer geschwächten Nerven keine Belastungen mehr aus. Die Folge ist eine subjektive Verschlechterung des Befindens, die sich sowohl in körperlichen als auch in psychischen Bereichen äußert.
Es ist jedoch auch möglich, daß eine sich verändernde Lebenssituation der Frau in mittleren Jahren die Grundlage für psychische Störungen darstellt. Am Beispiel der Angst, die bewußt oder unbewußt auftreten kann, die meist andere psychische Beeinträchtigungen nach sich zieht, möchte ich das verdeutlichen.

Angst

Angstgefühle in den mittleren Lebensjahren sind nicht unbedingt Folgen des Klimakteriums. Männer leiden in dieser Zeit genauso wie Frauen unter den verschiedenen Ängsten.
Jeder Mensch erfährt im Alter zwischen 40 und 50 Jahren, daß seine Kräfte nachlassen. Auch wenn er es nicht wahrhaben will, muß er erkennen, daß jüngere Leute als ernst zu nehmende Konkurrenten in allen Lebensbereichen auftreten. Vielerlei Ängste können die Folge dieser Situation sein. Man hat Angst vor dem Nachlassen der körperlichen und geistigen Leistungsfähigkeit,

vor Krankheit, vor beruflichen Rückschlägen, vor wirtschaftlichen Mißerfolgen. Man fürchtet, nicht mehr für voll genommen zu werden. Vielleicht hat man sogar das Beste oder Wichtigste im Leben versäumt.

Für Frauen werden die Angstgefühle oft verstärkt durch ihr schlechtes körperliches Befinden und die psychische Labilität. Sie spüren einfach an manchen Tagen deutlicher als ein Mann, daß ihre körperliche und psychische Belastbarkeit nachläßt. Außerdem leiden viele Frauen unter der Angst, körperlich unattraktiv zu werden. Sie kriegen Falten, obwohl sie sich pfundweise die teure CDE-Creme ins Gesicht schmieren, sie werden rundlicher, obwohl sie fast nur noch von Magerquark leben. Das ist alles irgendwie beängstigend, denn man weiß nicht, wie die körperliche Entwicklung weitergeht.

Das Bewußtsein, gut auszusehen, ist für viele Frauen eine wesentliche Voraussetzung für ein zufriedenes Leben. Sie haben Angst, mit ihrer faltenlosen Haut auch ihre Zufriedenheit zu verlieren. Wie lange findet ein Ehemann oder Freund an einer Frau Gefallen, deren Haare weiß und deren Wangen runzelig werden, fragen sie sich angesichts der bunten Zeitungs- und Fernsehreklamen, die dokumentieren, wie sich Männer – allerdings absatzinteressierte Werbungs- und Geschäftsmänner – die ideale Frau vorstellen.

Eine typische Angst von Frauen besteht in dem Glauben, einem sinnentleerten Leben entgegenzugehen. Die Kinder verlassen das Elternhaus, die zurückbleibende Mutter fühlt sich häufig überflüssig. Sie hat Angst, zu vereinsamen, sie hat Angst, nicht mehr geliebt zu werden.

Ängste dieser Art bedeuten Streß. Das Gefühl persönlicher Sicherheit und Geborgenheit als Grundlage einer positiven Lebenshaltung ist gestört und kann andere Störungen in körperlichen und psychischen Bereichen nach sich ziehen.

Die persönliche Einstellung

Etwa 20% aller Frauen werden von den Beschwerden des Klimakteriums wenig oder gar nicht geplagt.

Die Bedeutung, die das Klimakterium im Leben der einzelnen Frau einnimmt, die Schwere und Stärke der empfundenen Beschwerden, hängt nicht allein von den körperlichen Voraussetzungen ab. Medizinische Untersuchungsmethoden gestatten eine Erfassung der im Körper vorhandenen Hormonmenge, die Ermittlung des Hormonspiegels.

Beim Vergleich von Hormonspiegel und auftretenden Beschwerden machte man die interessante Feststellung, daß Frauen mit geringen Hormonmengen durchaus nicht immer am heftigsten unter körperlichen Störungen leiden. Wäre die im Körper vorhandene Hormonmenge allein ausschlaggebend für das Wohlbefinden, dürften bei Frauen mit einem „guten" Hormonspiegel wenig Beschwerden auftreten, und die Stärke der Störungen müßte mit dem Sinken des Hormonspiegels zunehmen.

Wo liegen die Ursachen dafür, daß dieser Zusammenhang nicht gegeben ist?

Natürlich können körperliche Unterschiede dafür verantwortlich sein, nicht jeder Körper reagiert in gleicher Weise auf Veränderungen, die Stabilität von Nerven und Organen ist individuell verschieden. Ein gut durchtrainierter Körper, Gewebe, das ausreichend mit den erforderlichen Nährstoffen versorgt wird und keine Ablagerungen von Stoffwechselschlacken aufweist, ertragen im allgemeinen Belastungen wesentlich besser als ein untrainierter, schlecht durchbluteter Körper.

Wissenschaftler stellten fest, daß bei aktiven Frauen erstaunlich wenig klimakterische Beschwerden auftreten. Besondere Bedeutung wird der geistigen Aktivität zugemessen und der Einstellung, die eine Frau ihrem Leben und ihrer Umwelt gegenüber einnimmt.

Nicht nur körperliche Voraussetzungen entscheiden über das Befinden, auch der Bezug zur Umwelt ist mit dafür verantwortlich, wie eine Frau das Klimakterium bewältigt.

Betrachten wir einmal, wie unterschiedlich die Fähigkeit, Schmerz zu ertragen, ausgeprägt ist.

Es ist möglich, daß von zwei Menschen die gleiche Belastungssituation ganz unterschiedlich empfunden wird. Der eine stöhnt vor Schmerz, wo ein anderer kaum in seinem Befinden beeinträchtigt wird. Vielleicht empfindet er tatsächlich weniger Schmerz in der gleichen Situation. Oder ein oft von Schmerzen Geplagter wird seinen Schmerz ganz anders bewerten wie jemand, der fast immer schmerzfrei ist.

Ich erinnere mich an eine alte, von Arthrose geplagte Dame, die dauernd unter Schmerzen litt. Nach einem Armbruch hörte man sie nie klagen. Natürlich wurde sie oft gefragt, wie ihr Befinden sei. „Gegenüber den Schmerzen in der Hüfte ist das, was mir mein Arm antut, eine Wohltat", war ihr Kommentar.

Und wie unterschiedlich ist die Fähigkeit und der Willen, Schmerz zu ertragen!

Es gibt Leute, die unter Qualen, aber ohne zu stöhnen, Höchstleistungen vollbringen. Andere wiederum jammern bei der geringsten Unpäßlichkeit, suchen sofort einen Arzt auf, weil sie eine bösartige Krankheit in ihrem Körper vermuten.

Könnte man die mit dem Klimakterium verbundenen Beschwerden objektiv messen, würde man wahrscheinlich feststellen, daß die gleiche Beschwerdestärke von verschiedenen Frauen ganz unterschiedlich bewertet wird.

Der Willen, bestimmte Belastungen zu ertragen, fördert die Fähigkeit, mit diesen Belastungen fertig zu werden.

Vielleicht kennen Sie das aus eigener Erfahrung: Ihre Kräfte werden mobilisiert, wenn Sie wissen, daß man Sie braucht, daß Ihr Einsatz für bestimmte Aufgaben erforderlich ist.

Ein Ingenieur kommt mit 40 Grad Fieber, um unsere kaputte Heizung zu reparieren. Er kann nicht verantworten, daß wir tagelang im ungeheizten Raum frieren.

Ich bekämpfe meine Müdigkeit, Kopfschmerzen und schlechte

Laune, wenn ich weiß, daß ich sonst die fröhliche Stimmung einer Familienfeier zum Erliegen bringe.
Meine Kräfte werden auch mobilisiert, wenn ich ein bestimmtes Ziel erreichen will. Ist dieses Ziel sehr interessant oder wichtig für mich, entwickele ich Energien, deren Vorhandensein ich normalerweise gar nicht zur Kenntnis nehme. Ich möchte eine Prüfung möglichst schnell bestehen, also lerne ich, arbeite ich, überwinde meine Faulheit, meine Müdigkeit, mein schlechtes Befinden, bis das Ziel erreicht ist.
Ein Bergsteiger wird das kennen: Um den Gipfel zu erklettern, der das große Ziel seines Urlaubs ist, nimmt er zerschundene Füße nicht zur Kenntnis, überwindet er Angst und Hunger, Kälte und Durst. Der Wille, dort oben einige 1000 Meter über der restlichen Welt zu stehen, schafft eine vollkommen neue Situation für seinen Körper.
Und noch etwas zwingt zur Überwindung von Schwäche und Schmerzen: das unausweichliche Muß.
Wer die Kriegs- und Nachkriegszeit miterlebt hat, weiß, zu welchen Leistungen, zu welcher Selbstüberwindung Menschen in Notsituationen fähig sind.
Aber nicht nur Wollen, Sollen und Müssen sind psychisch wirksame Kräfte, die uns in Trab setzen und unsere Empfindlichkeit für Beschwerden aller Art mindern können. Die Freude z. B., die wir uns oder anderen bereiten, wirkt in der gleichen Richtung. Oder da ist plötzlich etwas, das unser Interesse weckt, unsere ganze Aufmerksamkeit in Anspruch nimmt. Wir werden abgelenkt von den eigenen Sorgen, dem eigenen Befinden und fühlen uns auf einmal gar nicht mehr so schlecht.
Eine ganz entscheidende Rolle spielt hier die Ablenkung durch Arbeit, durch Tätigsein. Wie unterschiedlich allerdings die Wirkung der gleichen Arbeit sein kann, drücken zwei meiner Bekannten aus.
Frau H., Mutter von vier Kindern, nicht berufstätig, aber sehr aktiv im Vereinsleben ihres Wohnortes, sagt: „Meine Hausarbeit macht mir Spaß, sogar das Staubwischen. Ich freue mich an den Dingen, die ich in die Hand nehme. Und wenn alles ordentlich und sauber ist, sitze ich oft im Wohnzimmer und genieße die Behaglichkeit und Schönheit unserer Wohnung."

Ganz anders beurteilt Frau G., ebenfalls Hausfrau, ihre Tätigkeit. „Jeden Tag der gleiche Kram! Du bist doch nur noch Sklave deines Hauses. Wenn du den Dreck von gestern weggeputzt hast, weißt du schon, daß spätestens übermorgen alles wieder schmutzig ist." Die ungeliebte Arbeit trägt mit Sicherheit nicht dazu bei, Frau G.s Wohlbefinden zu verbessern.
Eine Arbeit, die sinnvoll erscheint, die Freude bereitet, die anerkannt wird, lenkt von eigenen Beschwerden ab. Die Befriedigung, die man durch diese Tätigkeit erfährt, wirkt sich günstig auf das gesamte Befinden aus.
Andere Folgen kann eine widerwillig ausgeführte Arbeit haben. Pflichtbewußtsein oder materielle Notwendigkeit zwingen zu dieser Tätigkeit. Sie wird nicht dazu beitragen, körperliche oder psychische Beschwerden leichter zu ertragen oder zu vergessen. Im Gegenteil! Man wird Beschwerden jeder Art zum Vorwand nehmen, um der ungeliebten oder verhaßten Tätigkeit zu entkommen.
Ganz wesentlich für die Bewältigung der klimakterischen Beschwerden ist auch unser Verhältnis zu uns selber und zu unserer Umwelt.

Versuchen Sie einmal für sich selbst, einige der folgenden Fragen zu beantworten!

- Wie beurteile ich die Veränderungen, die in meinem Körper vor sich gehen?
- Sind sie für mich die natürlichste Sache der Welt, oder empfinde ich sie als Anfang vom Ende, das ich nun resigniert erwarte?
- Versuche ich krampfhaft, die stabile, faltenlose Frau für meine Umwelt zu bleiben, oder nehme ich die neue, sich verändernde Situation meines Körpers gelassen hin?
- Wie ist die Reaktion meiner Umgebung, wenn ich plötzlich nervöser, reizbarer, anfälliger für gesundheitliche Störungen werde?
- Sagt man mir manchmal: „Nun wirst du langsam alt!" oder „Du wirst wie Tante Anna!"
  Tante Anna ist, das weiß jeder, ein unausstehliches Ekel, dem man am besten aus dem Wege geht.

- Finde ich Trost und Verständnis für meine Beschwerden, Trost z. B. in dem Hinweis: „Sieh dir die Frau B. an, sie wirkt mit ihren sechzig Jahren noch so sportlich und anziehend. Warum solltest *du* nicht genauso werden?"

Wenn Sie zu den Frauen gehören, die das Älterwerden als naturbedingten Prozeß hinnehmen, dürfte Ihnen die Bewältigung der Wechseljahre nicht schwerfallen. Wenn Sie darüber hinaus eine positive Einstellung zu Ihrer Umwelt, eine liebevolle und verständnisbereite Familie oder mitfühlende und vertrauenswürdige Freunde besitzen, müßten Sie die Zeit des Klimakteriums ohne Probleme überstehen.

Auf den folgenden Seiten beschreibe ich, wie Sie sich verhalten könnten, um mit den Schwierigkeiten des Klimakteriums fertig zu werden. Es sind Ratschläge aus der Sicht des Biologen, aber auch ganz persönliche Beobachtungen und Erfahrungen. Ihnen zugrunde liegt meine Überzeugung, daß wir vielen Vorgängen in unserem Körper zwar ausgeliefert sind, aber die Möglichkeit haben, die auftretenden Schwierigkeiten mit Hilfe unseres Verstandes und Gefühls zu bewältigen.

„Hilf dir selbst, dann hilft dir Gott!"

Das soll nicht heißen, daß wir auf regelmäßige Gesundheitskontrollen durch den Arzt verzichten.

Es bedeutet aber, daß wir die Bedürfnisse unseres Körpers kennen und beachten sollten, daß wir die Kräfte in unserer eigenen Persönlichkeit und die positiven Kräfte der Natur ausnutzen sollten, um ein möglichst hohes Maß an körperlichem und geistigem Wohlbefinden zu erlangen.

Bewältigung der Beschwerden

Was also kann man, können Sie gegen die Beschwerden des Klimakteriums unternehmen?
Zuallererst sollten Sie sich die Frage stellen: „Habe ich überhaupt Beschwerden?"
Setzen Sie sich ganz bewußt mit Ihrem körperlichen und psychischen Befinden auseinander, und fragen Sie weiter: „Was ist heute bei mir anders als vor zwei oder fünf Jahren?" Jede Frau, die ihren Körper und ihr Befinden in natürlicher Weise beobachtet, wird leicht feststellen, ob sich ihr Befinden ändert und wie es sich ändert.
Veränderungen in körperlichen Bereichen lassen sich leicht erfassen und beschreiben. Unregelmäßigkeiten der Periode, Übelkeit, Gelenkschmerzen, taube oder abgestorbene Glieder – leiden Sie darunter?
Hatten Sie diese Beschwerden früher auch?
Psychische Beschwerden sind nicht so eindeutig zu ermitteln. Leiden Sie häufiger als früher unter Unlustgefühlen, Konzentrationsstörungen, leichter Erregbarkeit? Oft wird sich die Frage aufdrängen: „Haben sich meine äußeren Verhältnisse geändert, oder reagiere ich einfach empfindlicher, nervöser als früher?"
Wenn Sie erkannt haben, in welcher Form Ihr Wohlbefinden beeinträchtigt wird, versuchen Sie herauszufinden, wo die Ursachen für die negativen Veränderungen liegen:

- Könnten die festgestellten Störungen eine Krankheit ankündigen?
- Leiden Sie unter den Folgen einer Krankheit?
- Waren Sie in letzter Zeit starken körperlichen oder psychischen Belastungen ausgesetzt?

- Sind es ganz normale Alters- oder Verschleißerscheinungen, die Ihr Wohlbefinden beeinträchtigen?
- Kann das Klimakterium die Ursache der beobachteten Beschwerden sein?

Sie werden die Ursache für Ihr verändertes Befinden sicher mit Hilfe eines Arztes feststellen können.

Freuen Sie sich, wenn Sie erfahren, daß die hormonelle Umstellung Ihres Körpers die Beschwerden verursacht. Das Klimakterium mit seinen unangenehmen Begleiterscheinungen ist zwar nicht unbedingt ein Grund zur Freude. Das Klimakterium ist jedoch keine Krankheit. Es ist ein ganz natürlicher Vorgang. Keine Frau kann sich davor drücken, sich davon loskaufen oder ganz beschwerdefrei bleiben.

Krankheiten bedrohen den Menschen, sie können lebensgefährlich werden. Das Klimakterium kann – wie eine Krankheit – beschwerlich sein, aber man stirbt nicht daran. Jede Frau kann sich ausrechnen, wann die Beschwerden zurückgehen und ganz aufhören werden.

Sie müssen sich also bewußt machen, daß es vollkommen zwecklos ist, diese natürliche Veränderung Ihres Körpers abzulehnen oder dagegen anzukämpfen. Ihr einziges Ziel kann sein, die Zeit der hormonellen Umstellung so beschwerdelos und unkompliziert wie möglich zu bewältigen.

Wichtig hierbei – ich wiederhole es noch einmal – ist das Bewußtsein: „Die Veränderung meiner Körperfunktionen ist ein natürlicher Vorgang. Jede Frau ist irgendwann zwischen dem 40. und 60. Lebensjahr dieser Veränderung ausgesetzt. Ich werde, wie fast alle Frauen, diese Phase meines Lebens gut bewältigen."

Hilfreich ist auch das Wissen: „Die Beschwerden sind zeitlich begrenzt, sie gehen vorüber."

Außerdem müssen Sie unbedingt erkennen, daß das Klimakterium *der* Abschnitt in Ihrem Leben ist, der für die Vorbereitung eines erfüllten Lebens im Alter sehr wichtig ist.

Drei Möglichkeiten, mit den Beschwerden der Wechseljahre fertig zu werden, bieten sich an:

- Sie bekämpfen alle auftretenden Beschwerden mit Medikamenten. Dieser Weg ist am einfachsten. Sie sind in kurzer Zeit beschwerdefrei und werden es so lange bleiben, wie die Medi-

kamente in Ihrem Körper wirken. Voraussetzung ist, daß Sie die Mittel vertragen, daß keine unangenehmen Nebenwirkungen auftreten. In dem Moment, in dem die Medikamente abgesetzt werden, müssen Sie jedoch mit Störungen Ihres Befindens rechnen.
Viele Ärzte sind der Meinung, daß die Verabreichung von Medikamenten – besonders von Hormonpräparaten – ein Hinausschieben, jedoch kein Aufheben der Beschwerden bedeutet. Sie raten daher bei einem normalen Verlauf der Wechseljahre von einer Behandlung mit Medikamenten ab.

- Sie ertragen die körperlichen und psychischen Beeinträchtigungen wie Naturereignisse, denen Sie ausgeliefert sind. Vielleicht leiden Frauen, die diese Möglichkeit wählen, kaum unter der körperlichen Umstellung, vielleicht sind sie daran gewöhnt, Beschwerden zu ertragen? Vielleicht lehnen sie Medikamente ab und kennen keine anderen Möglichkeiten, ihr Befinden zu verbessern? Vielleicht sind sie auch zu bequem, sich aktiv mit ihren Körperfunktionen zu befassen.
- Sie aktivieren Ihre körperlichen und geistigen Kräfte, richten Ihr Verhalten und Ihre Lebensgewohnheiten so ein, daß mögliche Beschwerden vermieden oder vermindert werden. Gegenüber den anderen Methoden ist hier der größere persönliche Einsatz, der höhere Aufwand an Energie erforderlich. Frauen, die diese Methode wählen, kennen die Reaktionen ihres Körpers. Sie können unterscheiden, welche Maßnahmen positiv oder negativ auf ihr Wohlbefinden wirken.
  Sie müssen in der Lage sein, Verhaltensweisen zu ändern, liebgewordene Gewohnheiten aufzugeben und neue Gewohnheiten zu entwickeln.
  Dafür werden Sie sich selbst besser kennenlernen, und ihr Selbstvertrauen wird wachsen. Für die Weiterentwicklung der eigenen Persönlichkeit ist dieser Weg sicher am besten geeignet.

In der folgenden Aufstellung sind die häufigsten Beschwerden unter dem Gesichtspunkt geordnet, wie sie vermieden oder vermindert werden können.
Beim aufmerksamen Lesen merken Sie, daß einige Beschwerden

mehrfach auftauchen. Manche, besonders nervöse Störungen lassen sich durch vielerlei Maßnahmen positiv beeinflussen. Außerdem sind Stärke und Dauer der einzelnen Beschwerden mitbestimmend für die angewandte Therapie. Erträgliche Kopfschmerzen können Sie selber kurieren – bei heftigen, häufig vorkommenden Schmerzanfällen sollten Sie unbedingt die Ursache vom Arzt feststellen lassen. Einzelne, wild sprießende Barthärchen zupfen Sie mit der Pinzette aus der Haut, ein kaum erwähnenswerter Vorgang – bei störender Zunahme der Gesichtsbehaarung verwenden Sie auf keinen Fall einen Rasierapparat, sondern lassen sich lieber vom Arzt über Maßnahmen zur Beseitigung beraten.

	Positiv beeinflußbar
Durch:	
Beruhigung des Nervensystems	Angst, Atemnot, ständiger Heißhunger, Depressionen, Erschöpfungszustände, leichte Erregbarkeit, unbegründete Gefühlsausbrüche, Herzklopfen, Hysterie, Nervosität, Schweißausbrüche, Schlaflosigkeit, Schwankungen im Gefühlsleben, Überempfindlichkeit, Weinkrämpfe
Psychische Klarheit; Stabilisierung der eigenen Persönlichkeit	Angst, Depressionen, Hysterie, Schwankungen im Gefühlsleben, Überempfindlichkeit, Lustlosigkeit, Nervosität
Bewegung, Gymnastik, Massagen	Atemnot, Durchblutungsstörungen, Erschlaffung von Bindegewebe und Haut, taube Gliedmaßen, Kopfschmerzen, Migräne, Kreislaufstörungen, Müdigkeit, Rückenschmerzen, Unruhe, Verdauungsbeschwerden
Richtige Ernährung	Körpergewicht, Verdauungsbeschwerden, Verstopfung, Entmineralisierung der Knochen, Haut- und Schleimhautveränderungen

Konsultieren Sie unbedingt den Arzt bei Regelstörungen, Brustveränderungen, Atrophie von Haut und Schleimhäuten, Osteoporose, Scheidenveränderungen und -entzündungen, starken Rückenschmerzen und allen Beschwerden, die Sie ungewöhnlich heftig und über einen längeren Zeitraum plagen.
Beim Betrachten der Aufstellung wird deutlich: Eine erstaunlich große Zahl von Beschwerden ist mit Mitteln beeinflußbar, die jede Frau in eigener Verantwortung anwenden kann.
Zur Beruhigung erregter Nerven gibt es wirksame Hausmittel. Viele Menschen erlangen durch autogenes Training oder Yoga die notwendige innere Ruhe. Die teuersten Tabletten sind nicht in der Lage, persönliche Probleme zu lösen, aber durch Nachdenken über die eigene Situation, durch Auseinandersetzung mit sich selbst und der Umwelt lassen sich Klarheit und Ruhe gewinnen.
Lesen Sie noch einmal, wie viele körperliche Beschwerden durch so einfache Mittel wie Gymnastik, Sport und Massagen behoben oder gelindert werden können. Lohnt es sich nicht, dafür täglich eine halbe Stunde Bequemlichkeit zu opfern?
Mit einigen Beschwerden müssen Sie sich allerdings abfinden, wenn Sie sich entschließen, die Wechseljahre ohne äußere Eingriffe in die hormonellen Vorgänge Ihres Körpers zu durchleben. Hitzewallungen, Schweißausbrüche, Nervosität und Unruhe werden sich trotz Anwendung natürlicher Mittel nicht ganz vermeiden lassen.
In den folgenden Kapiteln möchte ich Ihnen Anregungen und Hinweise geben, die Sie ermuntern sollen, die Beschwerden des Klimakteriums aus eigener Kraft zu überwinden.
Bevor Sie zu Medikamenten greifen, probieren Sie, ob der Einsatz Ihrer eigenen Aktivität nicht das beste Medikament ist. Das gesündeste ist es auf jeden Fall.

Besuch beim Arzt

Schon beim Besuch des Arztes können Sie Ihre Aktivität bewußt einsetzen.
Machen Sie es nicht wie jene Frauen, die ihre Leiden nur unklar

erkennen und an den Arzt den ungeheuren Anspruch stellen, ihnen so schnell und so wirkungsvoll wie möglich zu helfen. Damit sind die meisten Ärzte hoffnungslos überfordert. Natürlich möchte jeder Arzt helfen, doch wie soll er helfen, wenn kein klares Krankheitsbild vorliegt oder wenn der Patient nicht zur Mitarbeit, zur Mobilisierung der eigenen Kräfte im Kampf gegen die Krankheit bereit oder fähig ist? Der Arzt kann solche Patienten durch Medikamente zwar oft schnell von ihren Beschwerden befreien.

Beide, Arzt und Patient, sollten jedoch fragen:

- Ist die Ursache der Beschwerden erkannt, kann sie behoben werden, oder muß der Patient mit ihr leben?
- Werden die Ursachen oder die Symptome einer Krankheit mit den Medikamenten bekämpft, treten die Beschwerden mit Absetzen des Medikaments wieder auf? Welche Nebenwirkungen sind möglicherweise zu erwarten?
- Gibt es Möglichkeiten, ohne Medikamente mit den Beschwerden fertig zu werden?

Wenn Ihr Wohlbefinden irgendwann zwischen dem 40. und 55. Lebensjahr in der Art gestört ist, daß Sie den Beginn des Klimakteriums vermuten, gehen Sie auf jeden Fall zum Arzt, um sich Ihre Vermutung bestätigen zu lassen.

Vom Arzt wird zweierlei verlangt: er soll die Ursachen der Beschwerden feststellen und unser Wohlbefinden wiederherstellen. Bei dieser Arbeit können Sie den Arzt aktiv unterstützen. Schreiben Sie sich vorher auf, welche Veränderungen Ihres Körperzustandes Sie beobachteten. Notieren Sie sich auch alle Fragen, über die Sie gerne Auskunft vom Arzt hätten.

Fast jeder, der nicht selber Mediziner ist, kennt das: Man sitzt dem Arzt gegenüber, möchte sich so klar wie möglich ausdrükken und hat plötzlich das Gefühl, die passenden Worte nicht mehr zu finden. Ein Teil der Fragen, die man stellen wollte, ist vergessen, oder man traut sich nicht zu fragen: vielleicht aus Unsicherheit, sich nicht richtig ausdrücken zu können, vielleicht aus Angst, die Zeit des Arztes übermäßig in Anspruch zu nehmen.

Wer aktiv an der Behandlung seiner Beschwerden mitwirken möchte, wer über Behandlungsmethoden mit entscheiden will,

muß die eigene Situation möglichst genau kennen. Ein Weg dazu ist die umfassende und genaue Befragung des Arztes.
Ich halte es auch für gut, sich wichtige Antworten des Arztes zu notieren. Beim Überdenken des Gesprächs nach dem Arztbesuch hat man oft vergessen oder nur noch eine ungenaue Vorstellung von dem, was gesprochen wurde. Statt der erhofften Klarheit bleibt Unsicherheit in der Beurteilung der eigenen Lage.
Nehmen Sie die Möglichkeit wahr, über die Behandlung Ihrer Leiden mit zu entscheiden. Stimmen Sie den Therapievorschlägen Ihres Arztes nicht in jedem Fall zu. Scheuen Sie sich nicht zu sagen: „Ich möchte mir alles noch einmal in Ruhe überlegen", und wenn Sie unsicher in Ihrer Entscheidung sind, konsultieren Sie einen weiteren Arzt. Es ist allgemein bekannt, daß die Behandlungsmethoden der einzelnen Ärzte voneinander abweichen können. Informieren Sie sich auf jeden Fall umfassend über Behandlungsmöglichkeiten, und wählen Sie dann *die* Therapie, von der Sie am meisten Erfolg erhoffen.

Östrogen-Substitutions-Therapie

Aus eigenen Erlebnissen und den Erfahrungen anderer Frauen weiß ich, daß viele Ärzte als Allheilmittel bei Beschwerden, hinter denen sie hormonelle Störungen vermuten, Östrogene einsetzen.
Meine Frauenärztin bietet mir bei Vorsorgeuntersuchungen sofort „einen Spritzer Östrogen" an, wenn ich mich körperlich nicht topfit fühle. Dabei betont sie in anschließenden Unterhaltungen, daß sich die Frauen bemühen sollten, in den Jahren der hormonellen Umstellung ohne Östrogene auszukommen. „Die Östrogenzufuhr verbessert das Befinden kurzfristig", sagt sie. „Mit Nachlassen der Hormonwirkung treten die Beschwerden aber wieder auf."
Und warum bietet sie mir – und natürlich allen anderen Frauen in der gleichen Lage – Östrogenspritzen an?
„Jede Frau will heute beschwerdefrei leben, kaum eine ist bereit, freiwillig eine Zeitlang auf ihr Wohlbefinden zu verzichten."
Meine Cousine D. gehört zu den Frauen, für die Östrogensprit-

zen lebensnotwendig geworden sind. Sie ist 62 Jahre, und immer wenn bei abklingender Östrogenwirkung typische Wechselbeschwerden auftreten, holt sie sich ihre Hormonspritze. In den letzten Jahren klagte sie oft: „Dies war nun die endgültig letzte Spritze, meint der Arzt. Ich soll mit meinen Beschwerden leben. Das kann ich aber nicht, und das werde ich auch nicht."
Ich frage mich immer wieder, warum so wenig Ärzte ihre Patientinnen auffordern, körperliche und psychische Kräfte gegen bestimmte Beschwerden zu mobilisieren, warum sie ihren Patienten nicht zumuten, geringe Leiden zu ertragen, besonders wenn voraussehbar ist, daß diese Leiden mit der Zeit verschwinden.
Ich frage mich auch, ob meine Ärztin recht hat mit ihrer Meinung, daß die meisten Frauen nicht mit ihren Wechselbeschwerden leben wollen.
Am erstaunlichsten ist für mich, daß Ärzte, die selber nicht von der Notwendigkeit einer Östrogentherapie überzeugt sind, ihren Patientinnen die Einnahme von Hormonen empfehlen.
Mit meiner Hausärztin machte ich die gleiche Erfahrung wie mit der Frauenärztin. Auch sie bot mit zur Beseitigung von Nervosität, Lustlosigkeit, Schweißausbrüchen mehrmals Östrogenspritzen an. Sie selber – das erzählte sie später – überstand das Klimakterium ohne Hormontherapie. „Es war nicht immer einfach, aber schließlich schiebt man durch Verabreichung von Östrogenen die Beschwerden nur vor sich her. Einmal muß der Körper da durch. Und jetzt bin ich froh, daß ich alles hinter mir habe."
Worauf beruht die Wirkung der sogenannten „Östrogen-Substitutions-Therapie"?
Benutzt man den deutschen Begriff „Östrogen-Ersatz-Therapie", ist klar, worum es geht: Produziert der weibliche Körper zuwenig Östrogen, wird die fehlende Hormonmenge durch Verabreichung von Tabletten oder Spritzen ersetzt. Mit der Erhöhung des abgesunkenen Hormonspiegels verschwinden auch die Folgen des Hormonmangels.
Besonders in den USA wurde die Östrogen-Substitutions-Therapie nach einer Veröffentlichung des Arztes Dr. Wilson als endlich entdeckter Jungbrunnen für Frauen gefeiert. Die Therapie ist aber komplizierter, als man ursprünglich annahm. Außerdem

werden die biologischen Alterungsprozesse durch Östrogeneinnahme nicht vollständig ausgeschaltet.
Die Einstellung der Ärzte zur Östrogentherapie ist unterschiedlich. Am verbreitetsten ist wohl die Auffassung, daß die Vorteile der Therapie größer sind als ihre Nachteile.
Welche Gründe führen zur Ablehnung der Hormonanwendung? Ein Grund ist die Tatsache, daß der weibliche Körper irgendwann zu einem natürlichen Gleichgewicht *ohne* Östrogengaben gelangen muß. Nur ein Teil der Ärzte empfiehlt die Einnahme von Hormonen bis zum Lebensende.
Mit dem Einstellen der Hormonzufuhr sind in den meisten Fällen Störungen in körperlichen und psychischen Bereichen verbunden. Die Beschwerden werden um die Zeit der Therapie hinausgezögert, vermeiden kann man sie nicht.
Mehr zur Information als zur Abschreckung bringe ich einen Auszug aus dem Beipackzettel eines handelsüblichen Hormonpräparates:

„Nebenwirkungen
Vereinzelt kann es zu Spannungsgefühl in den Brüsten, zu Magenbeschwerden, Übelkeit, Kopfschmerzen und Gewichtszunahme kommen. Wenn in seltenen Fällen Gebärmutterblutungen auftreten, ist der behandelnde Arzt aufzusuchen.
Gründe für das sofortige Absetzen des Medikaments
Kopfschmerzen, die erstmalig migräneartig oder häufiger ungewohnt stark auftreten, akute Sehstörungen (z. B. Flimmern vor den Augen), erste Anzeichen von Venenentzündungen mit Blutgerinnselbildung (z. B. ungewohnte Schmerzen oder Schwellungen in den Beinen), stechende Schmerzen beim Atmen oder Husten unklarer Ursache, Schmerz- und Engegefühl im Brustraum sowie geplante Operationen (6 Wochen vorher) und längere Bettruhe (z. B. nach Unfällen). In allen diesen Fällen kann eine erhöhte Thrombosegefahr bestehen.
Auch beim Auftreten von Gelbsucht und bei stärkerem Blutdruckanstieg soll das Medikament abgesetzt werden."

Ich möchte Sie nicht dazu bewegen, jede Östrogentherapie von vornherein abzulehnen. Es gibt Beschwerden und Krankheiten, bei denen Hormongaben das geringere Übel darstellen. Außer-

dem wird Sie Ihr Arzt darauf hinweisen, daß für mögliche Nebenwirkungen Ihr augenblicklicher Körperzustand, die verabreichte Östrogenmenge und Östrogenart sowie die Zeitdauer der Therapie mit entscheiden.
Ich möchte Sie jedoch kritisch gegenüber der Einnahme von Hormonen machen, Sie zum Nachdenken und zum Fragen über die Notwendigkeit eines solchen Eingriffs in die natürlichen Vorgänge Ihres Körpers anregen. Vergessen Sie nicht, daß das Klimakterium keine Krankheit ist, die es zu bekämpfen gilt. Erkundigen Sie sich genau über die Gründe, wenn Ihnen Hormone gegen Wechselbeschwerden empfohlen werden.
Es gibt nur wenige Beschwerden, bei denen eine Hormontherapie unbedingt erforderlich ist. Osteoporose und schmerzhafte Veränderungen der Scheidenschleimhaut gehören dazu. Frauen, deren Klimakterium sehr früh beginnt, wird ebenfalls zur Einnahme von Hormonen geraten, um eine vorzeitige Entmineralisierung der Knochen zu verhindern.
Fragen Sie Ihren Arzt, ob er seiner Frau oder seiner Mutter unter den gleichen Voraussetzungen, wie sie bei Ihnen bestehen, Östrogene verabreichen würde.
Ich lehne die Einnahme von Hormonpräparaten in allen Fällen ab, wo nicht schwerwiegende Störungen zu beheben sind. Das hat nichts mit Medikamentenfeindlichkeit oder Naturaposteltum zu tun. Eine Tablette, die ich schlucke, wenn nichts anderes die Kopfschmerzen vertreibt, befreit mich von *diesem* Schmerz. Ich verschiebe ihn durch das Einnehmen des Medikamentes nicht auf morgen oder übermorgen.
Anders ist es mit den klimakterischen Beschwerden. *Heute* entgehe ich ihnen durch Hormontherapie, und was passiert, wenn nach zwei oder drei Jahren die Therapie eingestellt wird? Warum soll ich meinen Körper daran hindern, sein Gleichgewicht so schnell wie möglich selber zu finden? Einmal muß er diese Aufgabe doch bewältigen, und ich bin der Meinung, dann lieber heute als morgen.
Ich lehne für mich die Einnahme von Hormonen auch deshalb ab, weil ich gerne wissen möchte, was in meinem Körper tatsächlich vor sich geht. In den vergangenen drei Wochen zum Beispiel fühlte ich mich ausgesprochen wohl. Mein Beruf machte mir

Freude, und obwohl ich viel zu arbeiten hatte, blieb ich ruhig und zufrieden. Körperlich fühlte ich mich ausgesprochen fit, spielte ohne Anstrengung einige Stunden Tennis, absolvierte kleine Waldläufe.

Das Bewußtsein, diese Leistungen ohne ein einziges Medikament im Blut zu vollbringen, ist ungeheuer wohltuend für mich. Ich weiß, ich erfahre täglich, was mein Körper noch aus eigener Kraft zu leisten vermag, und wenn ich mich gesund und leistungsfähig fühle, *bin* ich leistungsfähig und wahrscheinlich auch gesund.

Gewiß, Ersatzhormone in meinem Körper würden mich vielleicht noch stärker aktivieren. Doch wozu? Ich will weder in Konkurrenz zu Leuten treten, die erheblich jünger sind als ich, noch gewaltige Leistungen auf irgendeinem Gebiet vollbringen. Außerdem hätte ich mit den „fremden" Hormonen im Blut immer das Gefühl, ich würde mich selbst betrügen, mein Körper würde mir eine Jugendlichkeit vorspielen, die er in Wirklichkeit nicht mehr besitzt.

Ich würde mich oft fragen: Vollbringe *ich* diese Leistung, oder wirken die Tabletten für mich? Wie wäre ich ohne das Zeug, das ich täglich schlucke? Wie werde ich sein, wenn es Schluß ist mit der Therapie? Weiß ich dann noch, was ich mir zumuten kann? Lebe ich heute vielleicht auf Kosten meiner Kräfte von morgen?

Diese Gedanken bleiben mir erspart, solange ich keine Hormonpräparate einnehme.

Ich fühle mich ruhiger und sicherer mit einem Körper, der seinen natürlichen Weg geht. Wenn mir übel ist, wenn ich Schmerzen habe, weiß ich zumindest eins: Hormonpräparate sind schuldlos daran. Ich brauche nicht prüfen zu lassen, ob ich zuviel oder zuwenig, das richtige oder falsche Mittel schlucke, Angst vor Nebenwirkungen kenne ich nicht, Zweifel an der ärztlichen Diagnose bleiben mir erspart.

Und die paar Falten, die sich fünf Jahre eher in mein Gesicht schleichen? Sie bringen mich nicht aus der Ruhe. Wer redet den Frauen nur ein, daß Falten so etwas wie eine schreckliche Krankheit sind und unbedingt bekämpft werden müssen? Warum gibt es Frauen, die diesen Unsinn glauben und ihr Aussehen danach bewerten?

Ich schaue lieber in ein freundliches und fröhliches Faltengesicht als in ein freudloses Antlitz ohne Falten.
Natürlich: straff und pfirsichhäutig – das wäre was, auch mit 50 Jahren! Aber diese Schönheit geht spätestens ab 30 verloren, und keine Östrogen-Substitutions-Therapie zaubert sie wieder her.
Ich habe Zeit, mich an meine Falten zu gewöhnen. Sie nehmen Rücksicht auf mich und kommen langsam. Niemand konnte mir bisher sagen, ob nach Absetzen einer Hormonbehandlung die Haut schneller altert und danach in drei Jahren die Entwicklung durchmacht, zu der sie jetzt neun Jahre benötigt.
Ein letzter Grund noch, warum ich die Hormontherapie ablehne. Ich lerne mit einem Körper zu leben, dessen Belastbarkeit langsam, kaum merklich abnimmt. Ich habe Zeit, viel Zeit, mich mit dem Problem des Älterwerdens zu beschäftigen. Ich mache Erfahrungen, von denen ich annehme, daß sie mein Leben im Alter erleichtern oder bereichern. Die aktive Bewältigung von Beschwerden, das Akzeptieren einer natürlichen Vergänglichkeit, die Erkenntnis, daß das Leben trotzdem sehr lebenswert ist, und noch einiges mehr wären mir zumindest bis jetzt verborgen geblieben, wenn ich die vergangenen drei Jahre der Östrogen-Substitutions-Therapie geopfert hätte.

Gesunde Ernährung

Bücher über gesunde Ernährung stehen dichtgedrängt in den Regalen unserer Buchhandlungen. Tageszeitungen geben der ernährungsbewußten Hausfrau Ratschläge für den täglichen Einsatz am Kochtopf. Kaum eine Wochen- oder Monatszeitschrift kommt ohne ein paar Seiten für den interessierten Esser aus.

Und am Essen interessiert ist fast jeder Mensch. Bei manchem beschränkt sich das Interesse auf den köstlichen oder raffinierten Geschmack einer Mahlzeit, andere beschäftigt viel mehr, *was* sie in den Mund schieben. Gesund soll es sein, gesund soll es machen!

Die Bedeutung einer richtigen Ernährung für das körperliche und geistige Wohlbefinden zweifelt heute niemand mehr an. Würde alles befolgt, was kluge Ernährungswissenschaftler und weise Kräuterfrauen raten, müßte es nur so von junggebliebenen, gesunden, schönen, schlanken und vitalen Menschen auf unserer Erde wimmeln. Daß immer noch die anderen, die Dicken, die von Beschwerden Geplagten überwiegen, liegt sicher nicht daran, daß es zuwenig Informationsmöglichkeiten über gesunde Ernährung gibt.

Dieses Kapitel wird Sie nicht in die Ernährungswissenschaft einführen. Ich möchte Sie lediglich anregen, Ihre Ernährungsgewohnheiten zu überdenken und möglicherweise zu verändern. Sie erhalten außerdem Hinweise auf Nahrungsmittel, die dazu beitragen können, die Beschwerden des Klimakteriums und Alterns zu verringern.

Mit Beginn der Wechseljahre sollten Sie nicht nur überprüfen, wieviel Sie essen. Auch die Zusammensetzung der Nahrung ist wichtig, wenn Sie bedenken, daß jetzt die Zeit beginnt, in der

- Haut, Muskeln und Bindegewebe an Spannkraft einbüßen,
- eine langsam voranschreitende Entmineralisierung der Knochen ihren Anfang nehmen kann,
- Veränderungen im Stoffwechsel möglich sind, die bewirken, daß der Körper die angebotenen Nährstoffe nur unzureichend nutzt,
- der Energiebedarf des Körpers sinkt, Magen und Darm zur vollen Funktionsfähigkeit jedoch eine bestimmte Nahrungsmenge benötigen,
- durch falsche Ernährung und schlecht funktionierende Verdauung hervorgerufene Beschwerden die klimakterisch bedingten Störungen verstärken und
- die Funktion vieler Körperorgane durch bestimmte, in der Nahrung enthaltene Stoffe beeinflußt werden kann.

Wenn Sie sich bisher richtig – und richtig heißt gesund – ernährten, brauchen Sie Ihre Eßgewohnheiten im Klimakterium nicht zu ändern. Für die Frau in den Wechseljahren gilt nichts anderes als für jeden durchschnittlich belasteten Menschen: Die Nahrung soll wenig Kohlehydrate und Fett enthalten, dafür reich an Eiweiß, Vitaminen, Mineral- und Ballaststoffen sein.

Von diesem ernährungswissenschaftlich richtigen Standpunkt aus betrachtet, müßten alle Konditoreien schnellstens verboten werden. Sie tragen in so angenehmer Weise dazu bei, daß viele Menschen ihrem Grundsatz „Wenig Fett und wenig Kohlehydrate“ immer wieder untreu werden. Kohlehydratreich sind alle Speisen, die viel Mehl, Stärke oder Zucker enthalten.

Wenn Sie gesund sind und nicht zuviel wiegen, werden Sie natürlich Ihrem Körper durch kleine Kuchenschlemmereien kaum schaden. Sie müssen allerdings wissen, daß Fett und Kohlehydrate die Hauptverantwortlichen für den Speck auf unseren Rippen sind. Jedes Gramm dieser Stoffe, das unser Körper nicht sofort in Energie umsetzt, wird in Form von Fett gespeichert. „Ein guter Vorrat für Notzeiten“, sagte man früher. Welch ein Glück, daß wir in unserem Land solchen Vorrat nicht mehr benötigen. Wir können uns täglich satt essen.

Anders als die beiden Dickmacher Fett und Kohlehydrate wirkt Eiweiß. Es ist der gleiche Stoff, aus dem die Gewebe unseres Körpers bestehen. Eiweiß müssen wir essen, um die nötigen

Stoffe zum Aufbau und zur Erhaltung unserer Körpersubstanz zu haben. Die Behauptung „Quark macht stark" stimmt. Milch und Milcherzeugnisse gehören zu den Lieferanten hochwertiger Aufbaustoffe für Muskeln, Haut und andere Gewebe.

Essen wir mehr Eiweiß, als unser Körper gerade benötigt, wird der größte Teil des Überschusses ausgeschieden. Allein von eiweißreicher Nahrung kann man sich keine Fettschicht anfuttern. Im Gegenteil! Wer hauptsächlich von eiweißreicher Kost lebt, senkt damit das Risiko, zu dick zu werden. Milch, Milchprodukte, Fisch, Fleisch, Eier sind wertvolle Eiweißlieferanten tierischer Herkunft. Vegetarier halten sich lieber an pflanzliches Eiweiß aus Getreide, Kartoffeln und Hülsenfrüchten.

Fast alle Pflanzen liefern uns – neben Eiweiß, Vitaminen und Mineralstoffen – die wichtigen Ballaststoffe. Das sind Pflanzenteile, die von unseren Verdauungssäften nicht für die Ernährung nutzbar gemacht werden können.

Haben Sie schon einmal einen Kirschkern verschluckt? Unverdaulich durchwandert er Magen und Darm. Das machen die Ballaststoffe auch. Der wichtigste Ballaststoff ist Zellulose, die Sie zumindest in Form von Zellstofftaschentüchern kennen. Reich an Zellulose sind Vollkornerzeugnisse, die meisten Gemüse, grüner Salat, Hülsenfrüchte. Kleie besteht vorwiegend aus Zellulose. Unverdaulich sind auch die harten Schalen von Leinsamen.

Alle Ballaststoffe erfüllen eine wichtige Aufgabe: Sie regen die Verdauungstätigkeit an.

Magen und Darm müssen etwas zu tun haben, sonst erschlaffen sie. Eine ballaststoffreiche Nahrung füllt die Verdauungsorgane, übt mechanische Reize auf die Darmwand aus und verbessert damit die Darmdurchblutung und die Eigenbewegung des Darms. Die in den meisten Ballaststoffen enthaltenen Pflanzenschleime wirken entgiftend im Darm. Sie nehmen Krankheits- und Fäulniserreger auf und machen sie unschädlich.

Außerdem sättigen Ballaststoffe. Da sie schwer oder überhaupt nicht zu verdauen sind, bleiben sie verhältnismäßig lange im Magen und vermitteln das Gefühl der Sättigung. Wer abnehmen will, sollte sich eiweiß- und ballaststoffreich ernähren.

Jeder Erwachsene hat schon von der Bedeutung der Vitamine und Mineralstoffe für seine Gesundheit gehört.

Fehlen unserem Körper z. B. Natrium, Kalzium, Kalium, Phosphor, Eisen oder Chlor, sind Störungen im Aufbau von Knochen, Zähnen, Haaren, Nägeln, in der Blutbildung und im gesamten Stoffwechsel zu erwarten.
Noch vielfältiger sind Beschwerden oder Krankheiten, die durch Vitaminmangel hervorgerufen werden. Beschwerden, die im Klimakterium auftreten oder ihren Anfang nehmen, können durch drei Vitamine günstig beeinflußt werden: Vitamin A, D und E.

Vitamin A – ein Schönheitsvitamin

Vitamin A ist Ihnen sicher als „Augenvitamin" bekannt. Bei Mangel an Vitamin A kommt es zu verminderter Sehfähigkeit bei Dämmerlicht und Dunkelheit, zu Bindehaut- oder Hornhauterkrankungen.
Wußten Sie, daß Vitamin A auch die Haut- und Schleimhautfunktionen reguliert? Es ist als Hauptwirkstoff in vielen sogenannten „Schönheitspillen" enthalten. Gesunde Haut, gesunde Haare und Nägel erneuern sich ständig. Die gealterten Zellen sterben ab. Sie werden durch neugebildete Zellen ersetzt. Die abgestorbenen Hautzellen verhornen und liegen als Hornschicht auf dem Körper. Sie werden bei der täglichen Körperpflege teilweise entfernt. Die Wirkung von Peeling- und von Massagecremes beruht zum Teil auf der Entfernung verhornter Hautzellen.
Mit zunehmendem Alter sinkt die Erneuerungsfähigkeit der Haut, die Dicke der Hornschicht nimmt zu. Vitamin A hebt diesen Alterungsprozeß zwar nicht auf, verzögert und mildert ihn aber.
Wie Sie bereits wissen, macht sich die sinkende Produktion von Geschlechtshormonen auch im Bereich der Schleimhäute bemerkbar, die austrocknen und verhornen können. Besonders unangenehm tritt diese Erscheinung im Bereich der Genitalorgane auf und führt zu Schmerzen beim Geschlechtsverkehr und zu Scheidenentzündungen.
Ausreichende Vitamin-A-Versorgung kann hier vorbeugend und heilend wirken.
Gesunde Haut und gesunde Schleimhäute sind in der Lage,

Krankheitserregern Widerstand zu leisten. Die Abwehrbereitschaft unseres Körpers wird durch Vitamin-A-reiche Ernährung wesentlich gestärkt.
Bei der Zubereitung Vitamin-A-haltiger Nahrungsmittel beachten Sie bitte, daß dieses Vitamin hitzebeständig und fettlöslich ist. Es wird also beim Kochen nicht zerstört. Um es für unseren Körper wirksam zu machen, muß immer Fett vorhanden sein. Denken Sie bei der Zubereitung von Salaten und Gemüsen daran, daß etwas Öl oder Butter das Vitamin A aus den Pflanzenteilen löst.
In hoher Konzentration finden Sie Vitamin A in Leber, Petersilie, getrockneten Aprikosen, Möhren und Karotten, Endivien, Spinat, Eigelb und fettem Käse. Unschlagbar ist der Vitamin-A-Gehalt des Lebertrans. 100 g Lebertran enthalten etwa den 17fachen Tagesbedarf eines Erwachsenen! Mit 6 g Lebertran kann der tägliche Vitamin-A-Bedarf gedeckt werden.

Vitamin D – täglich einen Löffel Lebertran

Mußten Sie als Kind auch den täglichen Löffel Lebertran ertragen? Wenn es sich um das reine, hellgelbe Öl mit dem unvergleichlichen Trangeschmack handelte, erinnern Sie sich bestimmt noch daran. Heute hat der Lebertran viel von seinem Schrecken verloren. Als Emulsion, mit freundlichen Geschmacksstoffen veredelt, läßt er sich ohne Ekel schlucken.
Der Grund, warum Lebertran seine Bedeutung für Kinder behalten hat, ist nicht im Vitamin-A-Gehalt zu suchen. Lebertran enthält noch ein anderes, für die normale Knochenentwicklung nötiges Vitamin. Das Vitamin D sorgt dafür, daß der Darm die zur Knochenbildung erforderlichen Mineralstoffe aus der Nahrung aufnimmt.
Auf S. 39 wurde beschrieben, daß Östrogenmangel bei Frauen im Klimakterium zu einer Entmineralisierung der Knochen führen kann. Eine besonders reichliche Versorgung mit Vitamin D wird daher häufig als Vorsorge gegen das Brüchigwerden der Knochen empfohlen. Genau wie beim Kind soll das Vitamin veranlassen, daß die mit der Nahrung aufgenommenen Mineralstoffe tatsächlich vom Körper genutzt werden.

Wäre es nicht empfehlenswert, im Klimakterium mit einer Lebertrankur zu beginnen?
Viele Ärzte raten älteren Menschen zur Einnahme von Lebertran auch wegen seines hohen Vitamin-A-Gehaltes. Andererseits wird vor unkontrollierter Lebertrantherapie gewarnt. Eine Überdosis Vitamin D kann zu gesundheitlichen Störungen führen.
Fragen Sie sicherheitshalber Ihren Arzt, bevor Sie sich zur Einnahme von Lebertran entschließen.
Reich an Vitamin D sind viele Fischarten, besonders Heringe, Sardinen und Aal. Oder leisten Sie sich ab und zu etwas Lachs! Sie können das ernährungswissenschaftlich begründen. 10 Gramm Räucheraal oder Räucherlachs reichen aus, um Ihren Tagesbedarf an Vitamin D zu decken.

Vitamin E

Vitamin E trägt die schöne Bezeichnung „Fruchtbarkeitsvitamin". Männer und Frauen brauchen es zur Entwicklung und Erhaltung ihrer Fortpflanzungsfähigkeit. Das bedeutet nicht, daß die natürliche Fortpflanzungsperiode durch kräftigen Vitamin-E-Konsum beliebig verlängert werden kann. Das Klimakterium ist unvermeidlich! Doch auch in dieser Zeit behält das Vitamin E seine Bedeutung für den weiblichen Körper.
Störungen im Hormonhaushalt und dadurch verursache Beschwerden werden durch erhöhte Vitamin-E-Gaben wirksam bekämpft.
Vitamin E ist hitzebeständig und fettlöslich. Der Tagesbedarf eines Erwachsenen liegt bei 10–25 Milligramm. Den höchsten Vitamin-E-Gehalt besitzt Weizenkeimöl mit 200–500 Milligramm in 100 Gramm Öl. Denken Sie daran, wenn Sie Ihre nächste Salatschüssel zubereiten! Maisöl ist ebenso empfehlenswert und außerdem billiger. 100 Gramm Maisöl enthalten etwa 250 Milligramm Vitamin E.
Zu den Vitamin-E-reichsten Gemüsen gehört Porree. In 100 Gramm dieses wohlschmeckenden Gemüses stecken zwar nur 8 Milligramm Vitamin E. Mit einer guten Porreemahlzeit können Sie Ihren Tagesbedarf an diesem wichtigen Vitamin jedoch vollständig decken.

Gesundheitliche Schäden durch eine Überdosierung sind bei Vitamin E nicht bekannt.
Es gibt noch einige Nahrungsmittel, die ich Ihnen besonders empfehlen möchte.

Leber

Einmal in jeder Woche sollten Sie Leber auf Ihren Speiseplan setzen. Ob Sie Kalbs-, Rinds- oder Schweineleber wählen, spielt dabei keine Rolle. Es sollte aber frische, also keine tiefgefrorene Leber sein. Leber enthält in außerordentlich großer Menge ungewöhnlich viele Vitamine. Besonders wertvoll ist der Vitamin-A- und der Vitamin-B_{12}-Gehalt. Die Bedeutung von Vitamin A als „Schönheitsvitamin" wurde bereits erläutert. Vitamin B_{12} ist unter anderem wichtig für die Blutbildung. Es soll auch gegen Migräne wirken.
Ich erinnere mich, daß meine Mutter im Krieg jeden Monat einen Bezugschein für 1000 Gramm Leber erhielt. Sie litt nach der Geburt meiner Schwester an einer schweren Blutarmut und mußte auf ärztliche Anweisung rohe Leber essen. Ich nahm gerne an diesen außergewöhnlichen Mahlzeiten teil und habe heute noch die Gewohnheit, beim Leberbraten ein paar rohe Happen, mit Salz, Pfeffer und Zwiebeln gewürzt, zu verspeisen.

Vollkornerzeugnisse

Auch sie sind besonders reich an Vitaminen der B-Gruppe und enthalten außerdem Vitamin E. Der hohe Anteil an Ballaststoffen sorgt für den guten Sättigungswert und die verdauungsfördernde Wirkung der Vollkornprodukte.

Weizenkeime

Wer Vollkornerzeugnisse nicht mag oder nicht verträgt, kann sich die B- und E-Vitamine aus Weizenkeimen holen. 100 Gramm Weizenkeime enthalten natürlich eine wesentlich größere Vitaminmenge als 100 Gramm Vollkornmehl.
Die Weizenkeime lassen sich sehr gut zur Aufwertung verschie-

dener Speisen verwenden. Ich nehme oft an Suppen, an Süßspeisen, an Kuchen, Obstsalate und an bestimmte Gemüse einige Teelöffel oder Eßlöffel Weizenkeime. Sie sollten erst kurz vor dem Servieren an die Speisen gegeben werden.
Weizenkeime kann man verhältnismäßig preiswert in Reformhäusern oder Diätabteilungen von Lebensmittelgeschäften kaufen.

Haferflocken

Haferflocken waren der Schrecken meiner Kindheit. Jahrelang hatte ich morgens einen Teller mit Haferflockenbrei zu leeren. Meine Mutter saß neben mir und verstärkte meine Abneigung gegen die mit unaufhörlicher Spelzenspuckerei verbundene Eßarbeit durch ermunternde Sprüche wie:
„Du ißt alles auf! Davon wirst du groß und kräftig."
„Der Teller wird leergegessen! Haferflocken sind außerordentlich gesund."
„Stell dich nicht an, iß! Bei Tante Lotte gibt es jeden Morgen Haferflocken, und sie wird bald siebzig Jahre. So alt möchtest du doch auch mal werden, nicht wahr?"
„Aufesssen! Das ist beste Sportlernahrung. Was übrigbleibt, bekommst du zum Mittag."
„Nun iß man schön. Du wirst dich später noch oft nach diesem guten Brei sehnen."
Die letzte Ankündigung zumindest war falsch. Selbst als wir 1947 – auf dem Tiefpunkt unserer Versorgungslage – morgens gegen einen ekligen Pamps aus Maggipulver ankämpften, sehnte sich nur die ältere Generation nach den etwas harten Spelzen auf dem Tellerrand.
Heute weiß kaum jemand, was „Spelzen" sind. Und darum, weil der Haferflockengenuß schon seit vielen Jahren spelzenfrei ist und weil Haferflocken wegen ihres hohen Vitamin- und Mineralstoffgehalts tatsächlich außerordentlich gesund sind, empfehle ich sie hier.
Im letzten Winter gelang es meinem Mann, morgens statt des trostlosen Toastbrotes Haferflocken auf den Tisch zu bringen. Wir stellten gemeinsam fest: sättigend sind sie auch.

Reis

Reis empfehle ich Ihnen vor allem wegen seiner harntreibenden, also entwässernden Wirkung. Neben dem hohen Kaliumgehalt, der die Wasserausscheidung bewirkt, ist Naturreis reich an B-Vitaminen, Vitamin E und Ballaststoffen. Naturreis enthält den Keim und die Randschichten des Korns. Er sieht dafür dunkler aus und schmeckt herzhafter als der meist angebotene geschälte und polierte Reis. Ich esse Naturreis gerne als Beilage zu kräftigen Fleischgerichten. In Suppen mag ich den Geschmack von Naturreis nicht.
Wenn ich abnehmen und meinen Körper entschlacken möchte, esse ich hauptsächlich Reisflocken. Man kann sie als Vollreisflocken in Reformhäusern kaufen. Sie sind in wenigen Minuten zubereitet und schmecken lieblicher als Naturreiskörner. Da sie ein großes Quellvermögen besitzen, läßt sich aus einer geringen Menge eine sättigende Mahlzeit bereiten.

Joghurt

Zu Joghurt sollten Sie nicht erst greifen, wenn Sie bereits Verdauungsstörungen haben. Joghurt ist ein ausgezeichnetes Mittel zur Erhaltung einer gut funktionierenden Verdauung. Ob Sie Joghurt aus Vollmilch, teilentrahmter oder ganz entrahmter Milch essen, bleibt Ihrem persönlichen Geschmack überlassen. Die Wirkung von Joghurt auf den Darm ist nicht vom Fettgehalt abhängig. Sie wird von den Joghurtbakterien ausgelöst, mit deren Hilfe die verschiedenen Joghurtarten hergestellt werden.
Milchsäurebakterien wirken ähnlich wie Joghurtbakterien. Sie unterstützen die Verdauungstätigkeit, verhindern Fäulnisvorgänge im Darm und haben eine mild abführende Wirkung.
Reich an Milchsäurebakterien sind Sauermilch, Dickmilch, Buttermilch, saure Sahne und Quark.
„Jeden Tag ein Glas Buttermilch“ ist eine Ernährungsregel meiner Mutter, die keinen Joghurt mag.
Sauerkraut ist ebenfalls reich an Milchsäurebakterien und enthält Vitamin C. Sie sollten es allerdings roh essen, um die verdauungs- und gesundheitsfördernde Wirkung auszunutzen.

Mixen Sie mal einen Salat aus grob geschnittenem Sauerkraut, gehobelten Äpfeln, Mandarinenwürfeln, Zwiebelringen und etwas Knoblauch. Er schmeckt sehr gut zu Bratkartoffeln oder zu herzhaftem Vollkornbrot mit Butter.

Entwässernde Gemüse

Besonders anregend auf die Nierentätigkeit wirken Spargel, Sellerie, rote Rüben, Tomaten und Sauerkraut. Zur Ausnutzung der harntreibenden Wirkung brauchen diese Gemüse nicht unbedingt frisch zu sein. Es gibt preiswerte Spargel-, Sellerie- und Rote-Rüben-Konserven.
Ich veredele z. B. die roten Rüben mit Zwiebeln, Knoblauch, Äpfeln und frischer Gurke. Einen wohlschmeckenden Salat bereite ich aus Spargelabschnitten, gekochten Möhren, harten Eiern, Kresse und Gewürzen.
Nutzen Sie die harntreibende Wirkung von Nahrungsmitteln zur Entschlackung Ihres Körpers. Besonders an Tagen, an denen Sie sich schwer und geschwollen fühlen, sollten Sie zu entwässernder Kost und diuretischen Tees greifen.

Verdauungsfördernde Lebensmittel

Leiden Sie unter unregelmäßiger Verdauung oder unter Verstopfung?
Dann versuchen Sie, dieses Übel mit Hilfe verdauungsfördernder Lebensmittel zu beheben. Alle Nahrungsmittel, die reich an Ballaststoffen sind oder die Produktion von Verdauungssäften anregen, gehören auf Ihren Speiseplan. Essen Sie Vollkornerzeugnisse, Kleie, Endiviensalat, Tomaten, Knoblauch, Zwiebeln und Porree, Möhren, Kohl, grüne Bohnen und Sauerkraut, Sauermilcherzeugnisse, Pflaumenmus, in Milch eingeweichte Backpflaumen oder Feigen.
Meine Cousine ißt zur Regulierung der Verdauung oft eine große Portion Möhrensalat. Sie bereitet den Salat aus gut gesäuberten, ungeschälten, gekochten Möhren, Zwiebeln, etwas Knoblauch, Öl und Gewürzen. Inzwischen schwört die ganze Familie auf diesen Salat als mildes Abführmittel.

Genußmittel

Und wie sieht es mit den Genußmitteln aus, sind Kaffee, Tee und Alkohol in den Wechseljahren tatsächlich verboten? Frau Sch., Mitglied meiner Yoga-Gruppe, erzählt, daß der Arzt ihr zu Beginn des Klimakteriums geraten hat, all diese Genußmittel rigoros von ihrem Speisezettel zu streichen. „Nach einer Woche ohne Kaffee war ich so fertig", sagt sie, „daß mich nur noch eine große Tasse Kaffee retten konnte. Von da an trinke ich wieder regelmäßig meinen Nachmittagskaffee."

Ob sich der Kaffeegenuß negativ auf ihren Gesundheitszustand auswirkt, kann sie natürlich nicht feststellen. Dazu müßte sie längere Zeit ohne Kaffee leben.

Warum hört und liest man so oft, daß Frauen in den Wechseljahren weder schwarzen Tee noch Kaffee trinken sollen? Der Stoff, der Tee und Kaffee zu den beliebtesten Anregungsmitteln macht, ist das Koffein. Es wirkt aktivierend auf unser zentrales Nervensystem. Das Herz schlägt schneller, der Kreislauf wird angeregt, die Nierenfunktion nimmt zu. Für Frauen, die einen sehr niedrigen Blutdruck haben, oft unter Müdigkeit und Erschöpfung leiden, ist eine Tasse Tee oder Kaffee geradezu lebensnotwendig. Es gibt aber auch Frauen, die nervös, überempfindlich, leicht erregbar sind. Ihr Nervensystem ist überreizt. Kaffee- oder Teegenuß würde diese Symptome noch steigern und zu Schlaflosigkeit und vermehrter Unruhe führen. Jede Frau sollte daher ihre Körperreaktionen nach dem Genuß koffeinhaltiger Getränke beobachten. Es ist durchaus möglich, daß klimakterische Beschwerden verstärkt werden.

Zur Vermeidung oder Verringerung nervöser Zustände genügt es manchmal schon, Kaffee durch Tee zu ersetzen. Tee wird meist in geringerer Konzentration als Kaffee getrunken und enthält dann entsprechend weniger Koffein.

Als Ersatzlösung bietet sich auch der Genuß koffeinfreien Kaffees an.

Ich verzichte auf Kaffee, wenn ich mich unruhig und nervös fühle. Nach Abklingen dieses Zustandes greife ich wieder fröhlich zur Kaffeebüchse. Allein der Duft, der ihr entströmt, hebt mein Wohlbefinden.

Alkohol

Trinken wir noch ein Tröpfchen, oder trinken wir kein Tröpfchen mehr?
Natürlich haben die Menschen recht, die uns vorleben, daß alles auch ohne Alkohol geht. Und wenn ich mir vor Augen halte, wieviel Kummer, Krankheit und Tod der Alkohol verursacht, möchte ich jeden Atomkraftgegner fragen: „Warum gehst du nicht gegen den Alkohol auf die Barrikaden?"
Aber solange Alkohol seine stimulierende, entkrampfende, durchblutungsfördernde Wirkung behält, wird er auch Nummer 1 der euphorisierenden Drogen bleiben.
Also trinken wir noch ein Tröpfchen?
Ja, wenn es unbedingt sein muß und wenn es tatsächlich nur bei dem Tröpfchen bleibt. Die Gefahr für Frauen in den Wechseljahren besteht schlicht und einfach darin, daß sie ihren Kummer und ihre Beschwerden im Alkohol ertränken. Wer kennt ihn nicht, den Spruch: „Es ist ein Brauch von alters her, wer Sorgen hat, hat auch Likör."
Versuchen Sie unbedingt, Ihre Sorgen ohne Likör zu bewältigen. Und wenn Sie zur Flasche greifen, gönnen Sie sich Ihr Gläschen Bier oder Wein am Abend. Dann kann die Wirkung durchaus positiv sein. Sie schlafen schnell ein.

Nikotin

Ich halte es für vollkommen unmöglich, einen Raucher zur Aufgabe seiner qualmerzeugenden Tätigkeit zu überreden. Er muß irgendwann ganz von alleine zu der Einsicht kommen, wie negativ sich Teer und Nikotin auf seine Gesundheit auswirken. In meinem Bekanntenkreis gibt es Ärzte, die ihren Patienten täglich das Rauchen verbieten und selbst nicht die Kraft haben, ohne Tabak zu leben. Während sie Raucherbeine operieren, fangen ihre eigenen Zehen an schwarz zu werden.
Ich kenne Umweltschützer, Fanatiker der reinen Natur, die stundenlang Räume vollqualmen, in denen Nichtraucher mit tränenden Augen ums Überleben kämpfen.
Die Raucherinnen in meiner Bekanntschaft gleichen sich in ei-

nem Punkt: ihre Haut ist grau und glanzlos. Dafür ist das Nikotin verantwortlich. Es wirkt verengend auf die Blutgefäße der Haut, die Haut wird also schlecht durchblutet und damit unzureichend mit Nährstoffen versorgt und mangelhaft entschlackt. Bei starken Rauchern können die Durchblutungsstörungen zu dem gefürchteten Raucherbein führen.
Kopfschmerzen, Migräne, Verkrampfungen, Müdigkeit – alles Folgen von Durchblutungsstörungen und der Unterversorgung des Gewebes mit Sauerstoff – werden durch das Rauchen verstärkt.
Ich rate jeder Frau, spätestens im Klimakterium das Rauchen aufzugeben. Die krebserregende Wirkung des teerhaltigen Rauchs wird nur noch von vereinzelten Wissenschaftlern angezweifelt. Wie reagiert der weibliche Körper in Zeiten verminderter Widerstandsfähigkeit, z. B. im Klimakterium, auf die im Rauch enthaltenen Teerprodukte?
Stellen Sie sich vor, Sie sollen einen Menschen beurteilen, der süchtig nach Abgasen und Smog giert. Wahrscheinlich halten Sie ihn für verrückt.
Und wie beurteilen Sie jemand, der sich seinen Smog in Form von Tabakqualm selber fabriziert?

Was koche ich morgen?

Als Berufstätige habe ich ein Problem, das vielen Hausfrauen sicher unbekannt ist: ich weiß oft nicht auf Anhieb, was ich heute, morgen oder übermorgen kochen soll. Die Lust zum Aufstellen eines Speiseplanes hätte ich wohl. Ob ich dann am Donnerstag aber auch die Zeit und die Zutaten habe, den geplanten Reisauflauf zu backen? Am Mittwoch vergaß ich möglicherweise den Kauf des erforderlichen Schinkens. Oder der aus einem günstigen Sonderangebot stammende Blumenkohl muß erst verarbeitet werden.
Meine bisherige Hausfrauenpraxis zeigte, daß ich Speisepläne selten oder nie einhalte. Also stelle ich keine mehr auf – mit einer Ausnahme: erwarte ich Besuch für mehr als einen Tag, wird das Essen nach Plan bereitet.

Die Frage „Was koche ich morgen?“ ist damit nicht beantwortet. Eine meiner Bekannten behauptet, sie brauche nur durch ein Lebensmittelgeschäft zu gehen, um zu wissen, was an den nächsten fünf Tagen in ihren Kochtöpfen dampft. Meine Einkaufserfahrungen sind leider anders.

Wenn ich kurz vor Ladenschluß oder mittags mit knurrendem Magen durch eine Lebensmittelabteilung hetze, beherrscht mich nur der Gedanke, da so schnell wie möglich wieder rauszukommen. Einen Einkaufszettel, der mich vor Fehlkäufen bewahren könnte, habe oder finde ich meist nicht. So gerate ich oft in Panik vor den vielen Angeboten und reagiere genau so, wie der Handel es möchte. Mit vollgestopften Taschen verlasse ich den Laden. Zu Hause stellt mein Mann dann fest, daß wir wieder Nudeln und Hackfleisch essen werden. Dafür können wir eine mittlere Geburtstagsparty mit Kuchen und Schlagsahne versorgen.

Ich müßte von meinen ernährungswissenschaftlichen Einkaufsniederlagen in der Vergangenheit berichten. Vor einigen Monaten, als ich mich intensiv mit Fragen der gesunden Ernährung beschäftigte, versuchte ich, mein Kaufverhalten wenigstens etwas zu ändern.

Ich notierte auf kleinen Karteikarten *die* Lebensmittel, die besonders gesund sind und sich schnell und vielseitig zubereiten lassen. Die Kärtchen – alle mit der gleichen Beschriftung – steckte ich in Schutzhüllen und verteilte sie auf Einkaufs- und Handtaschen, um sie jederzeit griffbereit zu haben. Mit so einem Kärtchen in der Hand ziehe ich jetzt von Abteilung zu Abteilung und werde bei der Lebensmittelauswahl nicht mehr ausschließlich von meinem Appetit und meiner Phantasielosigkeit geleitet.

So sieht die Vorderseite meiner Karten aus:

Kräuter	Quark / Joghurt
Weißkohl	Ziegenkäse / Gouda
Sauerkraut	
Salat / Gurken	Leber / Geflügelleber
Möhren	Suppenfleisch
Porree / Sellerie	Blutwurst
Blumenkohl	
Knoblauch	Hering / Matjes
Tomaten	Forellen / Kabeljau

Die Rückseite hat mehr mit meiner Vergeßlichkeit als mit gesunder Ernährung zu tun. Da sind die Lebensmittel verzeichnet, die im Haushalt immer zur Hand sein sollten, deren Kauf ich jedoch häufig vergesse.
Der „gesunden" Vorderseite meiner Einkaufskarte entspricht ein Kochzettel mit allen möglichen Gerichten. Es sind ganz einfache, schnell zu kochende Gerichte, deren einziger Anspruch darin besteht, daß sie gesund sein sollen. Der Zettel hängt an einem Küchenschrank und erspart mir Überlegungen zum Thema „Was koche ich heute?" und „Wie ernähre ich mich gesund?" Ein Auszug daraus soll dieses Kapitel beschließen.

Quark	mit Pellkartoffeln
	als Liptauer Käse (mit Zwiebeln, Gurken, Paprika ...)
	Eierkuchen
	Süßspeise (mit Zitronenschale, Zucker, Rum, Vanille, Ei, Obst ...)
Leber	gebraten (mit Apfel, Zwiebel oder Bananen)
	Ragout (mit viel Zwiebeln)
	Knödel
	Terrine
Weißkraut	Salat
	gekocht, mit brauner Butter
	gekocht, paniert und gebraten
	Auflauf (mit Kartoffeln, Schinken, Käsesoße)
	mit holländischer Soße
	geschmort (süß/sauer, Bayrisch Kraut)
	Suppe (mit Möhren, Zwiebeln, breiten Nudeln ...)
Sauerkraut	Salat
	angebraten mit Speck und Zwiebeln
	Suppe (mit Möhren, Zwiebeln, Wacholderbeeren ...)
Möhren	roh gerieben, mit Äpfeln und Zitrone
	gekocht als Salat
	Gemüse, mit Spargel und grünen Erbsen
	Eintopf (mit Kartoffeln, Zwiebeln, Porree ...)
	Suppe (mit Porree, Sellerie, Knoblauch, Kartoffeln ...)

Denken Sie jetzt, wir leben wie die Kaninchen?
Dann vergaß ich, zu sagen, daß mein Mann ohne Zettel einkaufen geht. Heute, an einem Samstag, legte er zwei dicke Scheiben Sülze, vier Schweineschnitzel und 1200 Gramm Rehragout als Ergebnis seines Marktbesuches auf den Küchentisch. Und das muß ja schließlich auch gegessen werden.

Haben Sie Normalgewicht?

Die Umstände, unter denen ich dieses Kapitel beginne, sind äußerst günstig für das Thema „Essen".
Ich sitze in einem Sporthotel und warte auf den Winter. Seit Neujahr regnet es ununterbrochen. Heute ist der 5. Januar! Schnee liegt als dicker nasser Matsch auf den Spazierwegen. Kein normaler Stiefel kommt da durch. Statt der Skier, die unbenutzt im Keller stehen, hätte ich Gummistiefel und Regenmäntel einpacken sollen.
Meine körperliche Betätigung erschöpft sich in einigen Schwimmversuchen im überfüllten Hallenbad und in den kurzen Wegen zum Speisesaal.
Was das mit dem Thema „Essen" zu tun hat, möchten Sie wissen?
Jeder, der schon einmal vor vollen Töpfen saß und die Kalorien, die er sich genüßlich anfutterte, nicht abarbeiten konnte, wird den Zusammenhang verstehen.
Wie ein angebundener Hund starre ich voll Verlangen auf Frühstücks-, Kuchen- und Salatbüffet. Statt meinen Körper zu trimmen und durch gutes Essen bei Kräften zu halten, stähle ich meinen Willen, indem ich versuche, den süßen und pikanten Verlockungen zu widerstehen. Viermal am Tage beschäftige ich mich mit meiner Energiebilanz: Kann ich das, was ich in Form äußerst appetitlich verpackter Kalorien in mich hineinstopfe, überhaupt verbrauchen?
Am Frühstücksbüfett gehe ich Kuchen, Käse und Müsli mit geschlossenen Augen aus dem Wege. Mittags bemühe ich mich, die dicken, sahnigen Salatsoßen, die so gut nach Kräutern und Knoblauch schmecken, zu ignorieren. Und abends suche ich

beim Kerzenschein die Salat- und Aufschnittplatten nach den magersten Happen ab.
Es kommt vor, daß eine fröhliche Dicke neben mir am kalten Büfett auftaucht. Ihr Schlachtruf „Na, dann wollen wir mal wieder sündigen“ und die Unternehmungslust, mit der sie Aalhappen und Kräuterbutter auf ihren Teller schaufelt, läßt manchem Kaloriensparer das Wasser im Munde zusammenlaufen. Sollte er nicht auch einmal so unbekümmert zulangen? Leute, die wie ich nach mageren Happen fahnden, werden von der Dicken geradezu belagert.
„Diese Walnußcreme, einfach köstlich, die müssen Sie probieren!“
„Was, Sie nehmen keine Wildpastete? Das ist ein Fehler! Hier, ein leckeres Stückchen für Sie. So, und nun noch etwas Preiselbeersahne.“
Vergnügt füllt sie neben dem eigenen auch noch fremde Teller.
„Um Himmels willen, greifen Sie nicht zum Brot! Diese Blätterteigbrötchen gehören auf Ihren Teller. Noch knusprig und warm, hm, wie die duften.“
Die Dicke bringt jede Energiebilanz zum Platzen, wenn sie verkündet: „Wer weiß, wann der nächste Hunger kommt, und schließlich haben wir doch alle gut bezahlt.“
Wie tröstlich, einen netten Menschen neben sich flüstern zu hören: „Bis wir so dick sind wie die, können wir noch kräftig futtern. Guten Appetit! Die Nußcreme müssen Sie unbedingt probieren.“

Zum Thema Essen und Trinken äußere ich mich aus lebenslanger Erfahrung. Ich esse gerne, und ich esse gerne gut, und manchmal esse ich zuviel, was weniger gut für mich ist. Natürlich bewundere ich schlanke Frauen und möchte auch in Kleidergröße 38 durch das Leben schweben. Natürlich wäre ich gerne eine *der* Schlanken, Grazilen, die essen und trinken können, was und soviel sie wollen, und die trotzdem schlank und schön bleiben, aus welchen Gründen auch immer.
Mir geht es leider wie den meisten Menschen. Wenn ich zuviel und zu gut esse, werde ich fett.
Das ist kein Problem des Klimakteriums, das ist ein menschli-

ches Problem schlechthin. Jeder kennt die Zusammenhänge. Nimmt ein Mensch durch seine Nahrung mehr Energie auf, als er für Bewegung und Aufrechterhaltung seiner Körperfunktionen verbraucht, wird ein Teil des Überschusses im Körper als Fett gespeichert, das Gewicht steigt. Da der Körper mehr Energie aufnimmt, als er verbraucht, spricht man von einer positiven Energiebilanz.

Die Energiebilanz ist ausgeglichen, wenn Energiezufuhr und Energieverbrauch gleich groß sind. Das Körpergewicht ändert sich dann nicht, es bleibt konstant.

Das Gewicht verringert sich erst, wenn der Körper mehr Energie verbraucht, als er durch Nahrungszufuhr erhält, wenn die Energiebilanz negativ wird.

Welche Bedeutung haben diese Aussagen für die Frau im Klimakterium?

Viele Frauen rechnen in den Wechseljahren mit einer Zunahme ihres Gewichtes. Auf Seite 55 wurde bereits darauf hingewiesen, daß die veränderte Tätigkeit der Hormondrüsen nur in seltenen Fällen zum Ansteigen des Körpergewichts führt. Das Gewicht steigt, weil dem Körper mehr Nährstoffe zugeführt werden, als er verbraucht, die positive Energiebilanz rundet Hüften, Bauch und andere Körperteile.

Ich sagte es schon einmal: Für ihre Figur, für ihr Körpergewicht ist jede Frau, auch im Klimakterium und im Alter, weitestgehend selbst verantwortlich.

Das ist eine unbequeme Erkenntnis!

Gehören Sie zu den Frauen über Vierzig, deren Gewicht sich ohne ersichtlichen Grund ändert? Bleiben Sie im täglichen Kampf um die schlanke Linie oft als Verlierer auf der Strecke? Verzehren Sie ein Stück Kuchen oder eine leckere Mahlzeit eher mit schlechtem Gewissen als mit Genuß? Erhoffen Sie von jeder neuen Abmagerungskur eine Lösung Ihrer Figurprobleme?

Wenn das so ist, sollten Sie jetzt Papier und Bleistift zur Hand nehmen und zwei Fragen beantworten.

1. Essen Sie wirklich zuviel?

Rechnen Sie sich anhand einer Tabelle Ihren täglichen Kalorien- oder Jouleverbrauch aus. Entsprechende Tabellen gibt es in Reformhäusern oder Buchhandlungen. Sie können großzügig rechnen, auf ein paar Kalorien mehr oder weniger kommt es nicht an. Wenn Sie täglich bei leichter bis mittelschwerer Arbeit – dazu zählen auch Hausarbeit und Bürotätigkeit – nicht mehr als 2000–2500 Kalorien oder 8400–10 500 Joule verbrauchen, müßte Sie das beruhigen. Ihr Nährstoffverbrauch ist normal. Sie sind kein Vielfraß. Eine Gewichtszunahme beruht dann wahrscheinlich darauf, daß Sie ein „guter Futterverwerter" sind, daß Ihr Körper die Nährstoffe besonders gut auswertet.

2. Wiegen Sie tatsächlich zuviel?

Berechnen Sie Ihr Idealgewicht und Ihr Normalgewicht. Das Normalgewicht des Erwachsenen wird bestimmt durch die Körpergröße. Jeder Zentimeter über 100 entspricht einem Kilogramm Gewicht. Sind Sie 165 Zentimeter groß, ist Ihr Normalgewicht 65 Kilogramm.

Das Idealgewicht für Frauen liegt etwa 15 Prozent unter dem Normalgewicht. Es beträgt für eine Körpergröße von 165 Zentimetern ungefähr 55 Kilogramm.

Sinkt das Gewicht tiefer, spricht man von Untergewicht.

Übergewicht haben Sie, wenn Sie 15 Prozent mehr als Ihr Normalgewicht auf die Waage bringen. Es beginnt für 165 Zentimeter Körpergröße mit etwa 75 Kilogramm.

Bei der Beurteilung des Gewichtes und der Figur sollte der Knochenbau eines Menschen unbedingt berücksichtigt werden. Eine Frau mit sehr kräftigen, starken Knochen muß wahre Hungerkünste vollbringen, um ihr Idealgewicht zu erreichen. Sie besteht dann tatsächlich nur noch aus Haut und Knochen.

Ärzte vertreten heute die Auffassung, daß die wenigsten gesundheitlichen Probleme bei Menschen mit Normalgewicht zu erwarten sind. Normalgewichtige haben meist eine gut proportionierte Figur, gehören aber nicht zu den ganz Schlanken.

Wie sieht das Ergebnis Ihrer Berechnungen aus?

Zu welcher der folgenden Gruppen (s. S. 106) gehören Sie?

Klar sind die Zusammenhänge in den Gruppen 1, 5 und 9.

Das Gewicht sollte bei jedem Menschen, der eine seiner Tätigkeit entsprechende Kalorienmenge verspeist, im Bereich des Normalen liegen. Wer zuwenig ißt, sollte abnehmen; wer zuviel ißt, müßte zunehmen. So wäre es richtig.

In allen anderen Gruppen ist das Gleichgewicht zwischen Nähr-

Gewicht im Bereich des Normalen	Gruppe	
	1	Normaler Nährstoffverbrauch
	2	Nährstoffverbrauch liegt unter dem Normalwert
	3	Nährstoffverbrauch liegt über dem Normalwert
Untergewicht	4	Nährstoffverbrauch normal
	5	Nährstoffverbrauch liegt unter dem Normalwert
	6	Nährstoffverbrauch liegt über dem Normalwert
Übergewicht	7	Nährstoffverbrauch normal
	8	Nährstoffverbrauch liegt unter dem Normalwert
	9	Nährstoffverbrauch liegt über dem Normalwert

stoffaufnahme und Körpergewicht gestört. Falls Sie zur Gruppe 6 oder 8 gehören, ermitteln Sie mit Hilfe Ihres Arztes die Ursachen für den erheblich gestörten Zusammenhang.

Wer in die Gruppe 3 oder 4 gehört, hat sicherlich keine Gewichtsprobleme und kann mit Freude seine Mahlzeiten genießen. Selbst umfangreiche Portionen stören ihn nicht.

Getrübt wird die Lust am Essen für Sie, wenn Sie sich in Gruppe 2 oder 7 einstufen. Um Ihr Normalgewicht zu halten, dürfen Sie nicht einmal die Kalorienmenge genießen, die Ernährungswissenschaftler für Frauen mit leichter Beschäftigung ausgerechnet haben. Ihre Energiebilanz ist bei normaler Nahrungsmenge positiv. Sie benötigen zur Erhaltung Ihrer Körperfunktionen weniger Energie, als die ernährungswissenschaftlichen Durchschnittsberechnungen angeben.

Viele Frauen im mittleren Alter – ebenso wie viele Männer – gehören in die Gruppe 2 oder 7. Die Ursache hierfür ist nicht unmittelbar die verminderte Produktion von Geschlechtshormonen. Mit dem Älterwerden laufen viele Stoffwechselprozesse langsamer ab, der Energieverbrauch sinkt. Wir benötigen weniger Nährstoffe.

Was können Sie unternehmen, wenn Sie zu den Frauen gehören,

die mit ihrem Gewicht, mit ihrer Figur unzufrieden sind? Einfach ist der Rat für alle, die sich zu dünn fühlen. Essen Sie mehr, essen Sie öfter, essen Sie gehaltvoller, gönnen Sie sich Ruhe vor dem Essen, während der Mahlzeit und möglichst auch nach dem Essen.
Den meisten Frauen über Vierzig entlocken diese Ratschläge ein müdes Lächeln. Ihr Gewicht steigt schon beim Anschauen eines Schinkenbrötchens.
Es gibt verschiedene Möglichkeiten, mit dem unerwünschten Gewichtszuwachs fertig zu werden.

Hungern Sie sich schlank

Die Methode eignet sich für alle Frauen, die unbedingt schlank sein wollen oder aus beruflichen Gründen schlank sein müssen. Sie sollte auch von allen Übergewichtigen angewendet werden, wenigstens so lange, bis der Zeiger der Waage unterhalb der Übergewichtsmarke bleibt.
Es ist für die meisten Menschen eine unangenehme Methode. Essen und Trinken gehören zu menschlichen Grundbedürfnissen. Die Befriedigung des Nahrungstriebes ist normalerweise mit angenehmen Gefühlen verbunden. Ein gut gefüllter Bauch stimmt friedlich, satte Löwen lieben die Ruhe. Hunger dagegen macht unruhig. Man begibt sich – zumindest innerlich – auf Nahrungssuche. Bleibt der Magen leer, steigert sich die Unruhe zu Nervosität und Aggressivität.
Wer für seine Schlankheit zu hungern bereit ist, sollte das bedenken.
Es gibt aber auch Möglichkeiten, den knurrenden Magen zu beruhigen.
Das Frühstück meiner schlankheitsbewußten Kollegin I. besteht aus einigen Teelöffeln Kleie und rohen Paprikaschoten oder einem Apfel. Abends nagt sie sich an Möhren satt und trinkt Kräutertee. Hungergefühl läßt sie nicht aufkommen. Sobald ihr Magen Nahrung fordert, wird er mit Tee und gesunder Rohkost beruhigt.
Sollten Sie sich für das Schlankhungern entscheiden, brauchen

Sie also nicht unbedingt Hungerqualen zu leiden. Es gibt eine Unmenge kalorienarmer Nahrungsmittel, die den Magen füllen, ohne dem Körper wesentliche Energien zu liefern. Alle Gemüse und einige zuckerarme Obstsorten gehören hierher. Tee, Mineralwasser, Kaffee, fettfreie Brühe beruhigen einen knurrenden Magen. Es gibt in Apotheken und Drogerien sogenannte „Quellmittel", die den Magen füllen, ohne dem Körper Nährstoffe zu liefern. Und es gibt natürlich Diätprogramme, die wunderbar wirken, wenn man sie konsequent einhält.
Frauen mit vorbildlicher Selbstbeherrschung und eisernem Willen fällt das nicht schwer. Sie gehen ungerührt an Konditoreien und Feinkostläden vorbei und werden durch eine schlanke Taille für ihre Standhaftigkeit belohnt.
Ich bin leider keine solche Heldin. Mein Magen läßt es sich widerwillig gefallen, daß ich ihn zwei oder drei Tage mit Gemüse vollstopfe. Dann fange ich an, von Bauernfrühstück, Königsberger Klopsen und Gulaschsuppe zu träumen. Ich werde unruhig, nervös, kriege Kopfschmerzen und Schwindelgefühle, ich kann mich nicht mehr konzentrieren, die zarteste Gurke liegt mir wie ein Stein im Magen. Mein Körper fordert sein Recht! Irgendwann kriegt er das verlangte wohlschmeckende Süppchen oder das Stück Kuchen, das den Tee oder Kaffee erst so richtig zum Genuß macht.
Auf keinen Fall greife ich zu Appetitzüglern.
Bevor Sie diese auf die Magennerven wirkenden Tabletten einnehmen, sollten Sie mit Ihrem Arzt sprechen und sich überlegen, ob Sie vielleicht einem falschen Schlankheitsideal nacheifern.
Oder Sie entscheiden sich für Möglichkeit 2, um Ihre Gewichtsprobleme endlich zu bewältigen.

Werden Sie fröhlich vollschlank

Sie haben die Möglichkeit, Ihr Dickerwerden zu akzeptieren, sich damit abzufinden. Vielleicht passen Sie auf, daß Sie nicht zu dick werden.
Dies ist die einfachste und bequemste Möglichkeit für Frauen, denen die Freude am Essen mehr bedeutet als ihr Idealgewicht.

Es gibt nette, fröhliche, gutaussehende Frauen dieses Typs. Sie haben es fertig gebracht, das unbefriedigende Streben nach irgendeinem Schlankheitsideal durch ihr Bekenntnis zur eigenen vollschlanken oder molligen Figur zu ersetzen.
Die fröhliche Dicke in meinem Hotel ist so eine Frau. Mit ihrer glatten Haut, den lustigen, aufmerksamen Augen und ihren lebhaften Bewegungen zieht sie mehr wohlgefällige Blicke auf sich als manches magere Idealgewicht. Jeder merkt ihr einfach an, daß sie sich ihres Specks nicht schämt. Sie trägt ihn mit Würde und Humor. Die üppige Oberweite wird nicht in peinlich enge Pullover gezwängt, kein Taillenfett quillt über zu stramm gezogene Gürtel. Leicht und locker gekleidet, in sanften Farben, führt sie täglich vor, daß das Schicksal keinen Dicken zum Plump-, Häßlich- und Verdrießlichsein zwingt.
An einem verregneten Vormittag treffen wir uns im Schwimmbad. Wie ein fröhlicher Frosch plätschert sie am Beckenrand.
„Ihre gute Laune möchte ich haben", spreche ich sie an.
„Schwimmen Sie ein Viertelstündchen", rät die Dicke, „das hebt die Stimmung. Oder freuen Sie sich aufs Mittagessen."
„Wie kann ich mich bei diesem Wetter aufs Essen freuen! An Tagen wie heute ist Essen reines Gift für mich." Sie schaut mich mitleidig an. „Im ständigen Kampf um die schlanke Linie, nicht wahr?"
„Ich kann mir doch nicht ein Kilo nach dem anderen anfuttern", antworte ich verdrossen.
„Schlecht gelaunt und schlanke Taille! Ich habe das alles hinter mir."
Mein fragender Blick veranlaßt sie zum Weiterreden.
„28 Jahre war ich schlank, nervös und schlecht gelaunt, immer unzufrieden, ein widerliches Weib."
Ich muß lachen. „Das glaube ich Ihnen nicht."
„Es stimmt wirklich. Vor einigen Jahren hatte ich einen Nervenzusammenbruch. In den darauffolgenden Kuren wurde ich fett und fröhlich. Mein Speck macht mich frei!"
Daran zweifle ich. Meine Einstellung zu Speck auf den eigenen Rippen ist nicht so positiv. Aber man kann auch anderer Meinung sein.
„Jetzt esse ich mich satt. Drei Viertel meines bisherigen Lebens

habe ich gehungert. Endlich esse ich, was mir schmeckt; ich gehe nicht mehr mit knurrendem Magen ins Bett."
„Und Sie haben keine Angst, immer schwerer und vielleicht krank zu werden?"
„Nein, seit einem Jahr steigt mein Gewicht nicht mehr. Es gibt so viele Dicke, die gesund bleiben und alt werden. Denken sie an Churchill. Der war außerdem noch Raucher und intelligent."
Mancher Frau, die einen erheblichen Teil ihrer Kräfte im Dauerkampf um eine schmale Taille verbraucht, wäre vielleicht mit dieser Einstellung geholfen.
Ich möchte Sie natürlich nicht überreden, Ihrer Freude am guten Essen hemmungslos freien Lauf zu lassen. Vor Übergewicht sollte man sich aus gesundheitlichen Gründen hüten. Die Spanne zwischen Normal- und Übergewicht läßt aber genügend Raum für genüßliche Schlemmereien.
Möglicherweise hilft Ihnen die Erinnerung an Ihre Eltern oder Großeltern bei einer Entscheidung für schlank oder vollschlank. Überwiegt in Ihrer Familie der gedrungene und schwere Körperbau? Sind Ihre nächsten Verwandten schlank, oder neigen sie zur Körperfülle?
Herrscht der untersetzte Figurtyp in Ihrer Familie vor, müssen Sie sich fragen, ob es sich lohnt, bei sich selbst gegen diese Körpergestalt anzukämpfen.
Schauen Sie sich einmal die Nicht-ganz-Schlanken an. Sie werden staunen, wie gut aussehend, freundlich, lebenstüchtig und aktiv viele dieser Frauen sind.
Es gibt noch eine weitere, empfehlenswerte Methode, mit den eigenen Figur- und Gewichtsproblemen zu leben.

Entscheiden Sie sich für das Pendelgewicht

Ein Pendel kennt jeder. Von einem bestimmten Punkt aus schwingt es nach rechts und nach links oder nach vorne und nach hinten. Den bestimmten Punkt legen Sie fest. Er wird durch *das* Gewicht markiert, das Sie für sich als annehmbar erachten, und sollte irgendwo zwischen Idealgewicht und der Grenze zum Übergewicht liegen.

Vorteilhaft ist es, wenn Sie dieses Gewicht ohne Hungerkuren bei einigermaßen normaler Ernährung – etwa 2000 Kalorien täglich – längere Zeit konstant halten können. Bezeichnen Sie es als Ihr persönliches Mittelgewicht. Auf der einen Seite davon befindet sich Ihr Traumgewicht. Es hat nichts mit dem Idealgewicht zu tun.
Für Frauen, die schon von ungeschältem Kohlrabi dick werden, liegt das Traumgewicht noch über ihrem Normalgewicht. Auf der anderen Seite des persönlichen Mittelgewichts liegt das Mastgewicht. Es hat nicht unbedingt etwas mit Übergewicht zu tun.
Sie sollten Ihre oberste Gewichtsgrenze, die Sie sich selbst setzen, davon abhängig machen, wie schnell Sie zu- oder abnehmen, wieviel körperliches oder psychisches Unbehagen Ihnen der Gewichtszuwachs bereitet, wie sich die wuchernden Pfunde auf Ihrem Körper verteilen.
Bestimmen Sie Ihr Mittel-, Mast- und Traumgewicht, und lassen Sie den Zeiger an der Waage pendeln!
Sie geraten nun nicht mehr in Panik, wenn Sie ein oder zwei Kilo zugenommen haben, solange sich das Gewicht innerhalb der selbstgesetzten Grenzen befindet. Irgendwann werden Sie die Kilos wieder los. Fast jede Frau hat Zeiten, in denen sie sich stark genug und in der Lage fühlt, ohne große Anstrengungen ein paar Pfund abzunehmen. Frühling und Sommer sind solche Zeiten. Vor oder nach dem Urlaub fällt das Abnehmen oft leicht. Der Herbst mit seinem verlockenden Angebot an Obst und Gemüse verführt vielleicht dazu, den Zeiger der Waage in Richtung Traumgewicht pendeln zu lassen. Sie brauchen sich nicht Willensschwäche oder mangelnde Selbstbeherrschung vorzuwerfen, wenn Sie Ihr Traumgewicht nicht erreichen. Jedes Pfund, das Sie auf dem Weg zum Traumgewicht verlieren, ist ein Erfolg für Sie. Und es ist keine Katastrophe, falls Sie nach fröhlichen Festen oder Zeiten großer Eßlust wieder Ihr Mittelgewicht oder Mastgewicht erreichen. Sie müssen nur irgendwann versuchen, wieder Ihr persönliches Mittelgewicht auf die Waage zu bringen.
Mein Normalgewicht – Sie erinnern sich: Körpergröße über 100 Zentimeter – beträgt 68 kg. Bei nicht zu üppiger, aber sättigender Ernährung wiege ich etwa 65 Kilogramm. Das ist eine

ganze Menge für Schlankheitsfanatiker, es ist nicht zuviel für Menschen, die gerne essen und zum Dicksein neigen.
Unter 63 Kilogramm kann ich mein Gewicht nur durch ausdauerndes Hungern senken. Mein Körper reagiert auf längeres Fasten negativ, meine psychische und körperliche Leistungsfähigkeit sinkt rapide. Es wäre Wahnsinn, wollte ich mein Idealgewicht von 58 Kilo erreichen. Ich würde mir dauernd als Versager vorkommen, wäre nervös und schlecht gelaunt, weil ich nie satt werde; ständig unzufrieden mit mir, weil ich das gesetzte Ziel nicht erreiche. Mein Traumgewicht liegt bei 63 Kilogramm.
Mein Mittelgewicht liegt zwischen 66 und 67 Kilo. Ich bin nicht schlank und trage Kleidergröße 42. Aber ich fühle mich wohl bei diesem Gewicht. Ich kann mich satt essen, steige nicht nach jeder Mahlzeit auf die Waage und büße meine gute Laune nicht beim Kalorienzählen ein.
Zu Fest- und Feiertagen, besonders in der Weihnachtszeit, esse ich, was mir schmeckt. Plätzchen, Marzipan, fette Braten! Wir backen Pfannkuchen zu Silvester und nicht nur einen pro Person. Solange mein Mastgewicht, das bei 68 kg liegt, nicht erreicht ist, gönne ich mir den Genuß guten Essens, wo immer er sich bietet.
Irgendwann, mit dem Längerwerden der Tage, fallen die gemütlichen Teestunden am Nachmittag fort, Rum und Glühwein sind zum Wärmen nicht mehr nötig, und der Appetit auf nahrhafte Suppen sinkt. Viele kleine Futterfreuden verschwinden, und damit steigt die Chance, zum Mittelgewicht zurückzukehren. Meine Gemütsverfassung und die Festigkeit meiner Speckschicht entscheiden über den Weg zum Mittelgewicht.
Manchmal schaffe ich den Sprung zurück in kurzer Zeit nach der Tee-Gemüse-Methode. Morgens gibt es etwas Brot mit Honig, nachmittags 2–3 Zwieback und sonst nur Gemüse, ungesüßten Tee und hin und wieder ein hartgekochtes Ei. Das Gemüse esse ich roh, gekocht oder als Salat und veredle es nur mit wenig Gewürzen und einer winzigen Menge Öl oder Butter. Ob das schmeckt, fragen Sie?
Es soll kein kulinarischer Genuß sein, es soll sättigen, ohne viele Kalorien zu liefern. Ich will nicht schlemmen, ich will abnehmen.

Die unzähligen appetitlichen Diäten mit 10 Gramm Marmelade, 25 Gramm Käse, 50 Gramm Schinken und 100 Gramm Schnitzel am Tag sind nichts für mich. Ich halte sie für Selbstquälerei am Küchenherd. Soll ich mich wirklich hinstellen und diese Miniportionen abwiegen? Vielleicht esse ich die zweite Scheibe Schinken, die eigentlich für meinen Mann bestimmt ist, heimlich auf? 25 Gramm Käse liegen auch nicht alleine im Papier. Was passiert mit dem Rest? Und wenn 100 Gramm Schnitzel in der Pfanne schrumpfen, ist das Beste daran sicher der Bratenduft. Aber der bringt meine Verdauungssäfte zum Fließen, mein Hunger wird zur Gier. Was mache ich dann? Soll ich die Diätanweisung essen?

Wenn ich abnehmen will, vermeide ich alles, was meine Eßlust anregen könnte. Mein Mann muß an meiner Magerkost teilnehmen oder sich selbst verpflegen. Ich brate keinen Klops und rühre keine Soße. Der Kühlschrank brummt traurig seinen Inhalt an, Fleischwurst, Quark und Senf, eine handvoll Knochen für den Hund. Diesen Verlockungen kann ich widerstehen.

Ich weigere mich auch standhaft, ein Lebensmittelgeschäft zu betreten. Was wir brauchen, kauft mein Mann. Ich will 65 Kilo, sonst nichts.

Manchmal kehre ich langsam und auf leisen Sohlen zu meinem Mittelgewicht zurück. Ich behalte meine Eßgewohnheiten bis auf einige Ausnahmen bei. So guten Sachen wie Pralinen oder Marzipan gehe ich aus dem Weg, Kuchen wird durch Zwieback oder Knäckebrot ersetzt, und mein Abendbrot besteht vorwiegend aus Rohkost, harten Eiern oder Quark.

Im Sommer, wenn ich im Garten arbeite, wandere, Sport treibe und an warmen Tagen am liebsten von Gurkensalat oder Pellkartoffeln und Quark lebe, pendelt der Zeiger meiner Waage sogar in Richtung Traumgewicht. Im Überschwang meiner Freude feierte ich diesen Zustand schon durch den Kauf neuer Kleider. Wahrscheinlich halten sie ewig.

Ich empfehle die Pendelmethode allen Frauen, die gerne essen, davon leider zunehmen, jedoch nicht dauernd mit der Kalorientabelle in der Hand oder der täglichen Angst vor dem Dickwerden leben wollen.

Ich bevorzuge diese Methode,

- weil ich zu bestimmten Zeiten essen kann, was und soviel ich mag, ohne dabei ans Abnehmen zu denken.
- weil ich mir an Tagen mit gestörtem Allgemeinbefinden in aller Ruhe ein paar Trosthappen gönnen kann, statt das Befinden durch den Ärger über meine Verfressenheit noch zu verschlechtern.
- weil es mir leichter fällt, ein paar Kilogramm im Bewußtsein genossener Tafelfreuden abzunehmen, statt mir diese Tafelfreuden mit dem Blick auf die Kalorientabelle von vornherein zu verderben.
- weil ich im Laufe eines Jahres immer wieder Perioden besonders starker körperlicher Aktivität oder verringerter Eßlust habe, die ich dann zum Abnehmen nutze.

  Mit der Pendelmethode bewegt sich mein Gewicht seit 1960 zwischen 63 und 68 Kilogramm. Damit bin ich zufrieden.

Zwischen schlank und dick liegt in weites Feld

Zum Schluß dieses Kapitels möchte ich noch auf einige Fragen eingehen, die in Gesprächen über das Körpergewicht immer wieder auftauchen.

„Bin ich zu dick?“ fragen viele Frauen, und viele stellen einfach fest: „Ich bin zu dick.“

Meine Kollegin F. sagt das mindestens fünfmal in der Woche. Beißen andere Kollegen ins Pausenbrot, stöhnt sie: „Ich kann mir ein gutes Frühstück nicht leisten. Ich werde zu dick.“ Sie trägt Kleidergröße 36, ist mager statt schlank, und die Kaffeetasse zittert oft in ihrer Hand. Sie ist nicht dick, sie hat Angst, dick zu werden! Die Gründe dafür sind hier bedeutungslos. Es gibt magere oder schlanke Frauen, die dauernd in der Furcht vor dem Dickwerden leben.

Solange das Gewicht unter dem Normalgewicht liegt, ist im medizinischen Sinne niemand zu dick.

Mit Sicherheit ist jemand dick, der seine Übergewichtsgrenze erreicht.

Zwischen schlank und dick liegt ein weites Feld. In diesem Bereich ist die Beurteilung der eigenen und einer fremden Figur sehr subjektiv. Das Körpergewicht kann nicht allein als Maßstab genommen werden. Knochenbau, Körper- und Gesichtsform, Beweglichkeit, auch die Kleidung bestimmen mit, wie die Figur eines Menschen beurteilt wird.

Ich kenne zwei Schwestern. Die jüngere ist sehr sportlich, hat einen schmalen, kleinen Kopf und ist acht Zentimeter kleiner als ihre zwei Jahre ältere Schwester. Das Gesicht der Großen ist rund, ihre Brust sehr ausgeprägt. Sport treibt die Große auch, aber ihre Bewegungen sind ruhig und gelassen. Sie wiegt nur zwei Kilo mehr als die kleine Schwester und paßt in deren Kleidung. Trotzdem wird die ältere Schwester als stabil, kräftig, gut genährt bezeichnet und ist „unsere gute Dicke". Die jüngere Schwester gilt als zierlich, schlank, graziös und ist „unser kleines Schmaltier".

Die Entscheidung für die eigene Figur, die manche Frau im Alter zwischen 45 und 55 Jahren neu treffen muß, sollte hauptsächlich von gesundheitlichen Gesichtspunkten bestimmt werden.

Warum führt zu hohes Gewicht zu gesundheitlichen Schäden? Stellen Sie sich vor, Sie müßten jedes Kilo Körpergewicht, das Ihr Normalgewicht übersteigt, Tag und Nacht in einem Rucksack mit sich herumschleppen, treppauf, treppab, am Arbeitsplatz, beim Kochen, beim Spazierengehen, in der Badewanne. Ganz schön anstrengend, nicht wahr?

Die nicht notwendigen Kilos, die wir unter der Haut haben, drücken zwar nicht, belasten unser Herz und den Kreislauf jedoch in gleichem Maße.

Einen Vorteil allerdings haben etwas übergewichtige Frauen nach der Menopause. Ihre Fettpölsterchen wandeln die männlichen Sexualhormone, die auch nach dem Klimakterium von der Nebennierenrinde in gleicher Menge weitergebildet werden wie vor der Menopause, in Östrogene um. Diese Östrogenmenge ist zwar niedriger als die vorher durch die Eierstöcke gebildete, aber sie reicht in vielen Fällen aus, um das Knochengerüst vor dem Abbau zu schützen. Obwohl das Skelett dieser Frauen mehr zu tragen hat, haben Dickere aus diesem Grund häufig stabilere Knochen als Dünne.

Bewegungsfreude und Bewegungsfreiheit sehr dicker Menschen

sind eingeschränkt. Auch wenn sie wollen, können sie sich nicht so leicht und behende bewegen wie schlanke Menschen. Sie geraten eher in Atemnot, sie fangen früher an zu schwitzen. Die herabgesetzten Bewegungsmöglichkeiten wirken sich wiederum nachteilig auf Herz, Kreislauf und Muskeln aus.
Vermeiden Sie aus gesundheitlichen Gründen auf alle Fälle, in den Kreis der Übergewichtigen zu geraten.
Sie sollten Ihren Körper jedoch auch nicht zu einem niedrigen Gewicht zwingen, das Sie nur mit Mühe und bei ständiger Unterernährung halten können. Neben nervösen Beschwerden, die dadurch hervorgerufen werden, daß Sie sich ständig die Befriedigung elementarer Bedürfnisse versagen, können auch Organschäden auftreten.

- Versuchen Sie, Ihr Körpergewicht und Ihre Lebensgewohnheiten *so* in Übereinstimmung zu bringen, daß Sie sich so wenig Zwängen wie möglich aussetzen.
- Lassen Sie sich nicht von der Werbung, vom Modediktat, von den Reden anderer Leute in ihrer Entscheidung beeinflussen.
- Versuchen Sie, herauszufinden, wie Sie bequem und gesund *mit* Ihrem Körper – nicht gegen ihn – leben können.

Die Apotheke der Natur

Es gibt Menschen, die sich nicht nur gesund essen, sie trinken sich auch gesund. In ihren Gläsern und Tassen dampfen allerdings selten so angenehme Getränke wie Glühwein und Grog. Sie loben und preisen die Wirkung der Tees, die Mutter Natur auf Feldern und Wiesen wachsen läßt. Kräutertees kann man zu jeder Tageszeit trinken, literweise bei Bedarf, sie greifen die Leber nicht an, der Verstand bleibt klar, und preiswert sind sie auch.

Beim Blättern in Kräuterbüchern fand ich den Satz bestätigt: „Gegen jede Krankheit ist ein Kräutlein gewachsen." Stillschweigend setzen unsere Kräuterfrauen und -männer voraus, daß niemand versuchen wird, einen eiternden Blinddarm oder ein gebrochenes Bein mit Kräutertee zu kurieren. Die lindernde oder heilende Wirkung von Kräutern bei vielerlei Beschwerden ist jedoch unbestritten.

Welche Kräuter setzen Sie als Hausmittel bei Verstopfung, Erkältung, Magen- und Bauchweh ein?

Pfefferminztee und Kamillenblüten – so vermute ich – sind in jedem Haushalt zu finden.

Mehr Medikamente, als man vermutet, enthalten pflanzliche Wirkstoffe. Haben Sie schon einmal das Etikett eines Hustensaftes studiert? Es ist nicht nur Chemie, was da reizlindernd, schleimlösend und auswurffördernd im Mund- und Rachenraum wirkt. Fenchel, Thymian, Huflattich, Süßholz und viele andere Pflanzen entfalten ihre heilenden Kräfte.

Pflanzen oder Pflanzenteile, die eine wohltuende Wirkung auf den menschlichen Körper ausüben, bezeichnet man als Drogen.

Natürlich gibt es auch Drogen, deren Inhaltsstoffe zur Verminderung klimakterischer Beschwerden beitragen. Sie enthalten in erster Linie Wirkstoffe, die entspannend und beruhigend auf das Nervensystem wirken und bestimmte Stoffwechselvorgänge des Körpers positiv beeinflussen.

Vielleicht versuchen Sie einmal, ob Sie nach dem Genuß eines Melissen-Johanniskraut-Tees besser einschlafen? Vielleicht hilft Ihnen ein Brennessel-Schachtelhalm-Tee, überflüssiges Wasser aus dem Körper zu vertreiben? Und statt zur Abführtablette greifen Sie lieber zu einer Tüte Leinsamen.

Alle Drogen, die ich Ihnen auf den folgenden Seiten empfehle, sind bewährte Hausmittel. Bevor Sie stärkere Medikamente einnehmen, Ihre Beschwerden möglicherweise mit Östrogenen bekämpfen, probieren Sie, ob nicht auch ein Kraut zur Linderung Ihrer Leiden gewachsen ist. Holen Sie sich aus der Apotheke oder Drogerie den Tee, von dem Sie annehmen, daß er Ihnen guttun würde. Achten Sie bitte darauf, daß es sich um „DAB-Ware" handelt. Dieser Tee muß den strengen Qualitätsvorschriften des Deutschen Arzneibuches entsprechen und eine bestimmte Wirkstoffmenge enthalten.

Wenn Sie einige Pflanzenkenntnis besitzen, können Sie Ihre Drogen natürlich auch selber sammeln und trocknen.

Die meisten Kräutertees sind einfach zu bereiten. Übergießen Sie einen Eßlöffel Kräuter mit einer reichlichen Tasse kochenden Wassers. Der Tee muß dann 10–15 Minuten ziehen, und wenn Sie sich etwas Gutes leisten wollen, süßen Sie das Getränk mit Honig.

Die einzelnen Drogen können auch gemischt werden. Ich bereite mir zur Linderung nächtlicher Schweißausbrüche oft zwei Tassen Tee aus einem Eßlöffel Melisse, einem Eßlöffel Stiefmütterchen und einem halben Teelöffel Salbei. Meine Buchhändlerin schwört auf die wohltuend entspannende Wirkung eines Tees, den sie zu gleichen Teilen aus Schafgarbe, Frauenmantel, Johanniskraut und Melissenblättern mischt.

Viel Erfolg wünsche ich Ihnen, falls Sie sich Ihre persönliche Teemischung zusammenstellen. Die Auswahl an geeigneten Drogen ist groß.

Kräuter, die beruhigend auf das Nervensystem wirken

Fast jede Frau wird irgendwann im Klimakterium von Unruhe und außergewöhnlicher Nervosität geplagt. Darum haben alle Kräuter dieser Gruppe eine besonders große Bedeutung im Einsatz gegen klimakterische Beschwerden.
Hilfe können Sie erwarten von Johanniskraut, Melissenblättern, Lavendelblüten, Hopfenzapfen, Baldrianwurzel und Schlüsselblumen.

Johanniskraut

Diese 40–70 Zentimeter hohe Pflanze mit den kleinen, fünfblättrigen gelben Blüten haben Sie sicher schon an Wiesen und Akkerrändern, an sonnigen Böschungen und in trockenen Hecken gesehen. Sie öffnet ihre Blüten im Juni, um Johanni – das ist der 24. Juni – und blüht bis zum Herbst. Halten Sie einmal eins der ovalen grünen Blättchen gegen das Licht. Können Sie die durchscheinenden Pünktchen erkennen? Es sieht aus, als hätte jemand unzählige feine Löcher in das Blattgewebe gestochen. An diesen durchsichtigen Stellen hat sich ätherisches Öl gesammelt, dem das Johanniskraut unter anderem seine von Kennern gerühmte Heilkraft verdankt.
Es wird mit Erfolg gegen nervöse Störungen wie Kopfschmerzen, Depressionen, Schlaflosigkeit, Unruhe, Unterleibsbeschwerden, hysterische Anfälle eingesetzt. Johanniskraut wirkt harntreibend. Äußerlich verwendet man Johanniskrautöl zur Behandlung schlecht heilender Wunden und bei Hautentzündungen. Es ist außerdem ein vorzügliches Massageöl.
Das Öl können Sie ganz einfach selber herstellen. Dazu übergießen Sie frische Blüten mit so viel Oliven- oder Sonnenblumenöl, daß sich alles in einer Flasche gut durchschütteln läßt. Der Ansatz bleibt 14 Tage an einem warmen Platz stehen und wird alle zwei Tage leicht geschüttelt. Danach filtern Sie das Öl ab und lagern es kühl und dunkel.
Eine Wundermedizin stellte Mutter Lübsch aus Johanniskraut her.

Die alte Lübsche, das war die Kräuterhexe, vor der man als Kind auf der Hut zu sein hatte, um nicht in einen Zwerg Nase oder etwas noch Schlimmeres verwandelt zu werden. In dem pommerschen Dorf, in dem ich einen Teil meiner Kindheit verbrachte, wußte jeder um ihre übernatürlichen Kräfte. Sie half den ihr Wohlgesinnten, schützte sie vor Krankheit, Not und schlimmen Seuchen. Ja, das konnte sie. Aber wehe dem, den ihr „böser Blick" traf. Ein Hexenschuß oder ein steifes Bein waren noch die geringsten Übel, die sie zufügte. Sie sorgte dafür, daß bei Benckendorf die Kühe verkalbten, und Damitz' Sau war so behext, daß sie sofort neun der elf geworfenen Ferkel verspeiste. Die Macht von Mutter Lübsch, die man nur hinter vorgehaltener Hand „olle Hexe" nennen durfte, war gewaltig. Sie wusch die Toten im Dorf und hatte damit die Herrschaft über das Totenwasser. Und wenn sie das nicht in die Sandkaute gießt, wenn sie das Wasser bei euch über den Zaun schwappt, weißt du ja, was passiert. Nein? Tu nicht so, dann stirbt nämlich deine Oma oder deine Mutter oder vielleicht stirbst du selbst. Damelow ist auch gestorben, bei dem hing noch der Lappen von Gemkows Wäsche am Zaun.

Als meine Cousine und ich an einem warmen Sommertag nahe der Sandgrube auf Mutter Lübsch stießen, war es zum Ausreißen zu spät. Statt uns schnell in zwei Kröten zu verzaubern, fragte sie, ob wir ihr helfen wollten. Sie pflückte Johanniskraut, und wir retteten unser und unserer Familie Wohl, indem wir mit zusammengebissenen Lippen grüne und gelbe Blättchen zupften. Alles ging wider Erwarten gut, und weil wir so fleißig gepflückt hatten, sollten wir sie am Nachmittag besuchen.

Die Situation schien ausweglos! Gingen wir nicht, traf uns ihr „böser Blick". Gingen wir, verwandelte sie uns wahrscheinlich in zwei Käuzchen, die nachts in der großen Esche sitzen und nach ihren bedauernswerten Müttern schreien würden.

Diesmal rettete Tante Renate die Familie vor schwerer Not. Sie begleitete uns zu Mutter Lübschs Backsteinkate, und dann saßen wir auf der Gartenbank und stopften die leicht angewelkte Ernte des Vormittags in Brauseflaschen. Mutter Lübsch füllte die Flaschen mit Kornschnaps auf und stellte sie zu vielen anderen Gefäßen auf das Fensterbrett.

Dieser Nachmittag bildete den Auftakt für rege Handelsbeziehungen. Wir mußten leere Flaschen zu Mutter Lübsch tragen und weißen Kandiszucker, der dem abgeseihten, jetzt rötlich schimmernden Schnaps zugefügt wurde. Dreißig kleine Zuckerwürfel in jede Malzbierflasche voller Schnaps.
„Johannissaft schlägt den Tee um Pferdelängen", sagten meine Tanten, und wir schleppten viele gefüllte Flaschen heim.
Seit man unsere ständig zerschundenen Beine mit einem von Mutter Lübsch produzierten, grüngelben Öl behandelte, konnte die Jodflasche im Schrank bleiben. Hustensaft von Mutter Lübsch – welch Teufelskraut sie da wohl reinnimmt? – half besser als jede gekaufte Medizin. Bienen- und Wespenstiche wurden mit einer braunen, scheußlich nach Zwiebel und Essig riechenden Flüssigkeit behandelt und dadurch vollkommen bedeutungslos. Der Schlager aus Mutter Lübschs Naturapotheke war ein Mittel gegen Krätze. Meine Mutter brachte es Leuten, die Hexenzeug nicht unter ihrem Dach duldeten und nun die wunderbare Medizin aus der Stadt priesen. Die alte Lübsche bereitete den dunkelgelben Sirup aus Johannisöl, Honig, Salz und Schwefel.
Immer, wenn ich die durchsichtigen Pünktchen im Johanniskrautblatt betrachte, höre ich Mutter Lübsch: „Johanni Schweiß sei Lob und Preis, Johanni Blut voll Segen ruht."

Melissenblätter

Melisse ernte ich in großen Mengen in meinem Garten. Die mehrjährige Pflanze gedeiht üppig ohne wesentliche Pflege. Genauso problemlos soll sie in einem großen Topf auf dem Balkon wachsen.
Melissenblätter können frisch oder getrocknet verwendet werden. Die frischen Blätter mit dem zitronenartigen Aroma eignen sich gut zum Verfeinern von Salaten und Soßen.
Das ätherische Öl der Melisse wirkt entkrampfend. Die Droge wird gegen Nervosität, Kopfschmerzen, Schlaflosigkeit, Magenkrämpfe und krampfartige Unterleibsbeschwerden eingesetzt.
Der in Drogerien und Reformhäusern erhältliche Melissengeist hat die gleiche Wirkung.

Lavendelblüten

Wer Südfrankreich kennt, kennt Lavendel, diesen blaublühenden kleinen Busch. Was wäre die Parfümerie ohne Lavendel! Viele Erzeugnisse der kosmetischen Industrie verdanken dem ätherischen Lavendelöl ihren belebenden und erfrischenden Duft.

Als Tee genossen, regen Lavendelblüten die Funktion von Galle und Leber an und fördern damit die Verdauungstätigkeit. Wichtiger für uns ist die entspannende und beruhigende Wirkung des wohlriechenden Lavendelöls. Empfehlenswert ist ein Frühstückstee aus Lavendelblüten und mildem schwarzem Tee.

Lavendelbäder fördern die Durchblutung und beruhigen strapazierte Nerven. Wenn Sie sich so richtig am Boden zerstört fühlen, steigen Sie in die mit Lavendelduft gefüllte Wanne und trinken, während Sie das Bad genießen, einen großen Topf mit honiggesüßtem Lavendeltee.

Ob der gute Schlaf, von dem unsere Großeltern berichteten, mit dem Lavendelsäckchen im Wäscheschrank zusammenhing?

Hopfenzapfen

Jeder Biertrinker kennt die beruhigende, schlaffördernde Wirkung dieses Getränks. Die gelösten Bestandteile des Hopfens bringen uns zum Einschlafen, nicht der Alkoholgehalt des Biers. Ein gutes Schlafmittel ist Hopfentee, gesüßt mit Honig. Der bittere Geschmack des Hopfens wird durch den Honig gemildert. Einen weniger bitteren Tee erhalten Sie, wenn Sie Hopfen mit anderen, beruhigenden Drogen mischen. Besonders empfehlenswert ist eine Mischung von zwei Teilen Hopfen und einem Teil Baldrianwurzel.

Baldrianwurzel

Der eigenartige und intensive Geruch des Baldrians ist der Grund, warum diese ungeheuer nützliche Droge oft auf Ablehnung stößt.

Ich mag Baldrian, mich stört der Geruch nicht. Im Gegenteil!

Wenn ich Baldrian rieche, höre ich meinen Vater sagen: „Baldrian zieht Katzen an." Mit diesem Spruch und der Geschichte von Tante G., der ein böswilliger Mensch zum Anlocken fremder Katzen Baldrian in den Garten schüttete, schluckte ich als Kind begeistert meine 10 Tropfen auf einem Stück Zucker.
Bis heute schätze ich Baldrian als beruhigende, erregungsdämpfende Droge. Ich koche mir allerdings keinen Baldriantee. In meiner Hausapotheke befinden sich dafür Baldriantinktur und Baldrianperlen. Komme ich spät am Abend lebendig und angeregt von einer Veranstaltung, schlucke ich ein paar Tropfen Baldriantinktur. Der Schlaf läßt nie lange auf sich warten.
Falls Sie Ihre notwendige Schlafmenge nur durch Einnahme von Tabletten erreichen, versuchen Sie, auf Baldrian umzusteigen. Der Gewöhnungseffekt, der zum Konsum immer größerer Tablettenmengen führt, fällt bei Baldrian fort.
Nervöse und unruhige Zustände, unter denen ich im Klimakterium oft leide, bekämpfe ich sehr wirkungsvoll mit Baldrianperlen. Diese kleinen Dragees riechen und schmecken nicht nach Baldrian. Sie wirken entspannend auf den gesamten Organismus, ersetzen manchmal eine Kopfschmerztablette und besänftigen erregte Magennerven. Baldrian hilft auch bei krampfartigen Menstruationsbeschwerden.
Falls Sie Baldriantee bereiten wollen, nehmen Sie einen Teelöffel Droge auf eine Tasse Wasser. Sie können den Tee durch Überbrühen bereiten. Wenn Sie vermeiden wollen, daß ein Teil des wirksamen ätherischen Öls durch Verdampfen verlorengeht, setzen Sie die Droge kalt oder lauwarm an und lassen den Auszug 12 Stunden ziehen. Vor dem Genuß erwärmen Sie den Tee.

Schlüsselblumenblüten

„Primelblüten Schlaf behüten", sagte Mutter Lübsch und zeigte uns die kräftig gelben, nach Aprikosen duftenden Schlüsselblumen, auf die alleine der Spruch zutrifft. Viele Jahre später lernte ich diese Pflanze unter der lateinischen Bezeichnung Primula officinalis kennen. Die zart duftenden Blüten wirken beruhigend auf Herz und Nerven. Schlüsselblumenblüten sind oft Bestandteil von Schlaf- und Nerventeemischungen.

Kreislaufanregende Drogen

Falls Sie unter zu niedrigem Blutdruck, unter Blutdruckschwankungen oder Kreislaufstörungen leiden, könnten Ihnen folgende Drogen helfen: Melisse, Johanniskraut, Weißdorn, Mistel, Rosmarin.
Die Wirkung von Melisse und Johanniskraut beschrieb ich im vorigen Abschnitt.

Rosmarin

Rosmarin hat die gleiche Heimat wie Lavendel. Die trockenen, steinigen Hänge Südfrankreichs sind im Frühjahr bedeckt mit dem zartblau blühenden Rosmarin. Das kreislaufanregende, ätherische Öl ist hauptsächlich in den tannennadelähnlichen Blättern enthalten. Seine gute Wirkung gegen Müdigkeit und zu niedrigem Blutdruck wird immer wieder hervorgehoben. Viele Gewürzmischungen nutzen die Aromastoffe und die verdauungsfördernden Eigenschaften der Rosmarinblätter.
Belebend und entspannend wirken Rosmarinbäder. Sie bringen einen müden Körper nach vollbrachtem Tagewerk wieder in Schwung und sorgen für eine gut durchblutete Haut.
Von einer Osterreise durch die Provence brachte ich Körbe voller Rosmarin mit, die folgende Saison in der heimatlichen Badewanne war anregend und billig. Heute nehme ich lieber fertige Rosmarinbäder, die im Handel angeboten werden. Gute Badezusätze sind zwar teuer, dafür aber bequem in der Handhabung.
Übrigens: statt Blumen oder Konfekt bringe ich Freunden manchmal Badekräuter mit.

Weißdorn und Mistel

Viele Tees, Dragees und Säfte gegen Altersbeschwerden enthalten die Wirkstoffe von Weißdorn und Mistel.
Weißdorn regt die Herztätigkeit an und reguliert den Blutdruck. Einen Tee gegen Herz- und Kreislaufbeschwerden kann man aus den Blüten, Blättern oder den etwa daumennagelgroßen, roten Früchten bereiten. Weißdornsträucher wachsen fast überall in

der Landschaft als Wildhecken und an sonnigen Waldrändern. Die wirkstoffhaltigen Pflanzenteile können leicht und schnell gesammelt werden.
Ich mag die Blüten nicht. Sie haben einen eigenartigen, mir unangenehmen Geruch. Die Früchte – als Kinder nannten wir sie Mehlfäßchen – eignen sich gut zum Trocknen.
Im Geäst saftreicher Bäume wurzelt eine Schmarotzerpflanze, die Mistel.
Die Heilkraft des Mistelkrautes wird unterschiedlich beurteilt. In der Volksmedizin verwendet man Mistel zur Anregung der Herztätigkeit und gegen nervöse Herzbeschwerden.

Harntreibende Drogen

Alle Drogen dieser Gruppe enthalten Wirkstoffe, die anregend auf die Nierentätigkeit wirken. Eine verbesserte Durchblutung der Nieren führt zu vermehrter Harnproduktion. Mit dem Harn werden Schlackenstoffe, Restprodukte unseres Stoffwechsels, ausgeschieden. Die Nieren filtern diese Stoffe aus dem Blut, sie „reinigen" das Blut. Viele harntreibende Drogen findet man daher auch in Blutreinigungstees.
Wenn Sie meinen, die Entwässerung Ihres Körpers könnte besser sein, wenn Sie manchmal unter geschwollenen Beinen, verquollenem Gesicht leiden, probieren Sie, ob Ihnen eine der folgenden Drogen hilft.

Birkenblätter, Schachtelhalm, Brennesselblätter, Stiefmütterchenkraut, Taubnesselblüten

Ich bevorzuge zur Bereitung harntreibender Tees diese fünf Drogen. Sie stehen in meinem Teeschränkchen für die unterschiedlichsten Mischungen bereit.

Wacholderbeeren

Zur Teebereitung müssen die Wacholderbeeren vor dem Überbrühen zerquetscht werden, am besten in einem Glasmörser.

Wer mag, kann die getrockneten Beeren auch gut gekaut vertilgen. Eine kleine Kur zur Entwässerung beginnt am ersten Tag mit einer zerkauten Frucht, und man steigert die Menge täglich um eine Beere. Am 15. Tag sind also 15 Beeren zu bewältigen. Diese Leistung wird belohnt, ab jetzt darf täglich eine Beere weggelassen werden. Genau einen Monat dauert die Kur, und 205 Beeren sind zu schlucken.
Wäre das was für Sie?
Bei Entzündungen der Harnwege dürfen keine Wacholderbeeren genossen werden. Sie reizen die Nieren- und Blasenschleimhäute zu stark.

Löwenzahnwurzel, Primelwurzel, Süßholzwurzel, Hauhechelwurzel

Wurzeln sind zellulosereich und meist verholzt. Die Wirkstoffe sind durch Überbrühen der Droge nicht oder nur in unzureichender Menge zu lösen. Daher müssen die meisten Wurzeldrogen ausgekocht werden.
Löwenzahn- und Primelwurzel kocht man etwa 10 Minuten auf kleiner Flamme. Süßholz- und Hauhechelwurzel sollten über Nacht in kaltem Wasser ziehen und vor dem Trinken aufgekocht werden.
Süßholz eignet sich gut zur Geschmacksverbesserung bitterer und gerbstoffreicher Tees. Es reicht, wenn ein halber Teelöffel Süßholz unter andere Teearten gemischt wird.
Entwässernde Tees trinken Sie am besten früh auf nüchternen Magen oder schluckweise zwischen den Mahlzeiten.

Schweißhemmende Kräuter

Salbei

Vielleicht kennen Sie Salbei als Bratengewürz? Als meine Mutter noch Weihnachtsgänse in die Röhre schob und knackige Schinkenbraten bereitete, waren die würzig-herben Salbeiblätter aus unserer Küche nicht wegzudenken.

Neben der verdauungsanregenden Wirkung besitzt Salbei krampflösende und schweißhemmende Eigenschaften. Aber Salbeitee ist bitter! Deshalb nimmt man nur einen Teelöffel Kräuter auf eine Tasse Wasser oder mischt die Droge mit anderen Tees. Salbei wird besonders gegen nächtliche Schweißausbrüche empfohlen. Sie sollten Salbeitee daher immer vor dem Einschlafen trinken.

Kräuter, die beruhigend und entspannend wirken

Schafgarbe

Ihren Schafgarbentee können Sie sich mühelos selber sammeln. Die 40–70 Zentimeter hohen Pflanzen mit den vielen weißen oder rosa Blütenständen und den feingefiederten Blättern wachsen massenweise auf Wiesen und an Wegrändern. Am wirkstoffreichsten sind die Blüten. Sie sollen in praller Sonne gepflückt werden.

Schafgarbentee ist vielseitig verwendbar. Seine krampfstillenden Eigenschaften verschaffen ihm Bedeutung als „Frauentee“ gegen Nervosität, innere Unruhe, Kopfschmerzen, Schwindel und Menstruationsstörungen. Darüber hinaus wirkt Schafgarbe verdauungsfördernd, harntreibend, blutstillend und entzündungshemmend. Schafgarbe enthält Stoffe, die auch der Kamille ihre ausgezeichnete Heilkraft verleihen.

Mutter Lübsch behandelte offene Beine mit Schafgarbenbädern und pflückte mühevoll und sorgsam die einzelnen Blütenstände. Als meine Tante ihr zur Arbeitserleichterung den Einsatz einer Schere empfahl, pflückte Mutter Lübsch unbeeindruckt weiter. Nach einer ganzen Weile hob sich ihr schwarzes Kopftuch, und gar nicht freundlich knurrte sie: „Nee-i, nee-i, Frolleins, dat lot man min Sach sinn. Dat mokt dat Tüg all daut.“

Wären wir nicht so schnell weitergegangen, hätte uns ihr „böser Blick“ doch noch getroffen.

Frauenmantel

Die auffallende Pflanze wächst gut an feuchten, sonnigen Wald- und Heckenrändern. Nicht als Mantel, jedoch als Umhang kann man sich die handtellergroßen, wie zum Kreis gefalteten Blätter vorstellen. Dicke Tau- und Regentropfen liegen manchmal silberglänzend in der Blattmitte. Darauf bezieht sich wohl auch der Spruch „Frauenträne jederzeit, lindert ihrer Schwestern Leid."
Frauenmantelblätter sind harntreibend, adstringierend – also zusammenziehend – und werden als ungeheuer hilfreich bei Unterleibsbeschwerden beschrieben. Ihre entzündungshemmenden Kräfte sollen auch im Bereich der Geschlechtsorgane wirken. Die Droge wird zur Gewebefestigung und zur Stärkung der Gebärmuttermuskulatur empfohlen.
Frauenmantelblätter gibt es lose und in Aufgußbeuteln. Es ist ein typischer Tee gegen Beschwerden der Wechseljahre.
Die gleiche Wirkung hat Silbermantel, eine im Gebirge wachsende Frauenmantelart.

Taubnessel, Gänsefingerkraut, Hirtentäschel

Zum Schluß drei Unkräuter, die ich ernten und verkaufen könnte. Sie wachsen hemmungslos in meinem Garten, unausrottbar, wie ich vermute. In der Teekanne dampfen die drei Kräuter zum Wohle der Gesundheit. Gänsefingerkraut löst Verkrampfungen, Taubnessel mildert Menstruationsbeschwerden, Hirtentäschel stillt Blutungen und stärkt die Muskulatur.

Abführende Drogen

Im Kapitel über gesunde Ernährung wies ich darauf hin, wie wichtig eine geregelte Verdauung für das körperliche Wohlbefinden ist. Die Reste der aufgenommenen Nahrung sollten spätestens nach 24 Stunden den Körper verlassen haben.
Statistiken behaupten, daß zwei Drittel der Erwachsenen unter Verstopfung leiden und viele Menschen regelmäßig Tabletten schlucken, um ihren Darm in Gang zu halten.

Wer Schwierigkeiten mit der Verdauung hat, sollte zu pflanzlichen Mitteln greifen. Am empfehlenswertesten sind die Erzeugnisse, die den Darm füllen und seine natürliche Funktion fördern.

Leinsamen

Leinsamen steht in dieser Hinsicht an der Spitze aller Drogen. Verwenden Sie gequetschte oder geschrotete Ware. Die festen, aufgebrochenen Schalenteilchen üben einen mechanischen Reiz auf die Darmwand aus, und alle im Leinsamen enthaltenen Wirkstoffe können genutzt werden. Eine Schädigung des Darms tritt auch bei regelmäßigem Genuß von Leinsamen nicht auf.
Einer Kollegin verdanke ich den Tip mit dem Leinsamenfrühstück. Zwei Eßlöffel gequetschten Leinsamen und drei Eßlöffel fertige Müslimischung übergieße ich mit warmer Milch und lasse den Brei einige Minuten quellen. Er sättigt und regt die Darmtätigkeit auf angenehme Art an.
Viele Leinsamenanhänger verspeisen ihre tägliche Ration von 2–3 Eßlöffeln am Abend. Zur Verdauungsförderung sollte Leinsamen immer mit reichlich Flüssigkeit gegessen werden.
Und beachten Sie bitte: Leinsamen enthält 30–40% fettes Öl und etwa 25% Eiweiß. Für zwei Eßlöffel Leinsamen müssen Sie auf eine halbe Butterschnitte verzichten!

Faulbaumrinde und Sennesblätter

Diese beiden Drogen dienen der Teebereitung und sind kalorienfrei.
Die holzige Faulbaumrinde müssen Sie einige Minuten kochen, um genügend Wirkstoffe zu lösen.
Sennesblätter dagegen lassen Sie etwa 10 Stunden in lauwarmem Wasser ziehen und erwärmen den Auszug vor dem Genuß. Es gibt auch entharzte Sennesblätter, von denen der Tee durch Überbrühen bereitet werden kann.

Schwedenkräuter

Einen Kräuterextrakt möchte ich Ihnen noch empfehlen, der in meiner Familie hoch im Kurs steht. Man bereitet ihn selber aus einer Drogenmischung, die unter dem Namen Schwedenkräuter in Apotheken verkauft wird.
Bei Verdauungsstörungen hilft die gallebittere Flüssigkeit vorzüglich. Sie beruhigt den Magen, sie wirkt abführend. Zur umfassenden Körperentschlackung und Belebung des Stoffwechsels trinken wir ein- bis zweimal im Jahr vier Wochen lang morgens und abends je ein halbes Likörglas dieses Auszugs. Er schmeckt scheußlich und tut gut.

Die geliebten Kräutertees

Einige der genannten Drogen – das haben Sie bereits gemerkt – entfalten ihre Wirkung in mehreren Bereichen. Die Tabelle am Schluß dieses Kapitels erleichtert Ihnen einen vergleichenden Überblick aller von mir erwähnten Drogen. Entdecken Sie darunter Kräuter, die Ihnen besonders gut tun könnten? Probieren Sie deren Wirkung aus!
Ich kaufte heute vormittag je 50 Gramm Johanniskraut und Brennesselblätter in der Apotheke. Beide Drogen kosteten etwa 1,50 DM. Das ist erschwinglich, nicht wahr, und kein allzu großer Verlust, wenn Sie feststellen sollten, daß Ihnen die gekaufte Droge nicht schmeckt oder hilft.
Bevor Sie einen Tee als unwirksam ablehnen, überprüfen Sie noch einmal, ob Sie ihn richtig zubereiten. Nehmen Sie genug Kräuter? Lassen Sie lange genug ziehen?
Trinken Sie mindestens 2–3 Tassen Tee am Tag, am besten schluckweise, damit die Wirkstoffe langsam, über einen längeren Zeitraum verteilt, vom Körper aufgenommen werden.
Am einfachsten läßt sich natürlich die Wirkung harntreibender und abführender Kräuter feststellen. Sie sollte prompt, d. h. spätestens innerhalb von 24 Stunden, erfolgen. Kreislaufregulierende und unterleibswirksame Tees benötigen häufig eine längere Zeitspanne, bis ihre positive Wirkung spürbar wird. Trin-

ken Sie deshalb den Tee, von dem Sie Hilfe erwarten, mindestens 14 Tage lang regelmäßig.
Und wenn die Beschwerden verschwinden, ist es zur Stabilisierung des Wohlbefindens empfehlenswert, dem wirksamen Tee noch ein Weilchen treu zu bleiben.

„Trinkst du täglich deine gelobten Kräutertees?“ fragte mich neulich eine Bekannte.
„Nein“, antwortete ich wahrheitsgemäß, „ich greife zur Droge, wenn es bergab geht mit mir.“
„Hilft dir das Zeug denn wirklich?“
„Ich bin ziemlich überzeugt davon. Wenn es mir nicht gut geht, überlege ich, welche Kräuter mir helfen könnten. Ich trinke meinen Tee, mindestens zwei Tassen am Abend und zwei Tassen am Morgen. Danach geht es mir oft besser.
Und wenn ich mich ganz miserabel fühle, suche ich einen Arzt auf. Findet er keine Krankheit, sind es wahrscheinlich ‚die Jahre‘, an denen ich leide, dann trinke ich meinen Tee und warte ab.“

Vor drei Wochen fühlte ich mich so elend, daß ich zum Arzt ging. „Schlapp, verquollen, Glieder- und Kopfschmerzen, häufige Schweißausbrüche, sagen sie? Ich gebe Ihnen eine Östrogenspritze, dann hopsen sie wieder.“ Das sagte der Arzt.
Ich lehnte die Hormonbehandlung ab. Eine Urinuntersuchung ergab, daß meine Nieren nicht gesund sind. Die Störung war in ein paar Tagen behoben, aber mein Zustand blieb trotzdem schlecht.
Daß ich erneut die angebotenen Hormon- und Aufbauspritzen abschlug, verstand mein Arzt nicht.
Aus der Apotheke holte ich mir Kräuter: Johanniskraut, Brennessel, Frauenmantel, Melisse. Daraus bereitete ich – zu gleichen Teilen gemischt – einen Tee. Er ist würzig und herb, und die 5–6 Tassen, die ich täglich davon trinke, süße ich mit Honig, weil ich bitteren Tee nicht mag. Ich trinke den Tag jetzt seit zwei Wochen und fühle mich schon lange wieder gesund.
Das wäre wahrscheinlich auch ohne Tee der Fall, meinen Sie? Vielleicht haben Sie recht, aber vielleicht auch nicht.

	krampflösend	durchblutungsfördernd	beruhigend	anregend	harntreibend	abführend	verdauungsfördernd	schweißhemmend	Herz-Kreislauf-Wirkung	wundheilend	aufbrühen	kochen	kalter Auszug
Baldrianwurzel Radix Valerianae	×		×										×
Birkenblätter Folia Betulae					×						×		
Brennesselblätter Folia Urticae					×						×		
Faulbaumrinde Cortex Frangulae						×						×	
Frauenmantelkraut Herba Alchemillae vulg.					×					×	×		
Gänsefingerkraut Herba Potentillae	×										×		
Hauhechelwurzel Radix Ononidis					×							×	×
Hirtentäschelkraut Herba Bursae pastoris					×				×	×	×		
Hopfenzapfen Flores Humuli lupuli			×				×				×		
Johanniskraut Herba Hyperici	×		×		×					×	×		
Lavendelblüten Flores Lavandulae	×	×	×				×				×		
Leinsamen Semen Lini						×				×			
Löwenzahnwurzel Radix Taraxaci					×							×	
Melisse Folia Melissae	×	×	×								×		
Mistel Herba Visci									×				×
Primelwurzel Radix Primulae					×							×	

	krampflösend	durchblutungsfördernd	beruhigend	anregend	harntreibend	abführend	verdauungsfördernd	schweißhemmend	Herz-Kreislauf-Wirkung	wundheilend	aufbrühen	kochen	kalter Auszug
Rosmarinblätter Folia Rosmarini	×	×		×	×		×		×		×		
Salbei Folia Salviae	×						×	×		×	×		
Schachtelhalm Herba Equiseti					×					×		×	
Schafgarbe Herba Millefolii	×				×		×			×	×		
Schlüsselblumenbl. Flores Primulae	×		×								×		
Sennesblätter Folia Sennae						×							×
Stiefmütterchen Herba Violae tric.					×					×	×		
Süßholzwurzel Radix Liquiritiae					×						×	×	
Taubnessel Flores Lamii albi					×						×		
Wacholderbeeren Fructus Juniperi		×			×		×				×		
Weißdorn Flores Crataegi									×		×		

Bewegung muß sein

Yoga

Frau W., eine Kollegin, klagt immer wieder über Kopfschmerzen und Nervosität. Ob ich ein Mittel wüßte, fragt sie eines Tages.
„Vielleicht helfen Ihnen Yoga-Übungen", rate ich ihr.
Sie tritt einen Schritt zurück und schaut mich interessiert an.
„Treiben Sie etwa Yoga?"
„Ja", sage ich, „Yoga-Gymnastik."
Frau W. schaut noch interessierter und staunt. „*Sie* treiben Yoga? Nein, das hätte ich nicht von Ihnen gedacht."
„Warum nicht?"
„Na, das haben Sie doch nicht nötig. Jedenfalls sieht man Ihnen nichts an."
Jetzt staune ich.
„Wie müßte ich Ihrer Meinung nach aussehen, um für Yoga in Frage zu kommen?"
Ohne Zögern antwortet sie: „Irgendwie krank oder wenigstens leidend. Auf jeden Fall hohlwangig und mit solchen Augen." Ihre Hände zeichnen einen reifengroßen Kreis in die Luft.
Wir müssen beide lachen.
„Nein", findet meine Kollegin, „Sie haben nichts von diesen komischen Heiligen, die den halben Tag auf dem Kopfe stehen."
Mein Versuch, ihr Yoga-Gymnastik als mögliche Hilfe gegen ihre Beschwerden schmackhaft zu machen, ist ein Fehlschlag.
Irgendwann, Monate später, spricht mich die gleiche Kollegin wieder an und verlangt weitere Informationen über Yoga. Der Grund: eine von ihr sehr geschätzte Sportlerin nimmt regelmäßig an den gleichen Yoga-Stunden teil wie ich. Auch diese Sportlerin ist keine komische Heilige. Sie sieht mit ihren 50 Jahren blen-

dend aus, ist schlank, beweglich und körperlich stark belastbar. Vielleicht sind Yoga-Übungen tatsächlich gut gegen mancherlei Beschwerden?

Inzwischen hat meine Kollegin ihr tägliches Übungsprogramm, auf das sie nicht mehr verzichten kann. Sie besuchte ein halbes Jahr einen Yoga-Kurs und turnt nun zu Hause regelmäßig weiter. Ihre Lieblingsübungen sind Pflug und Kerze, und sie erzählt begeistert, wie das morgendliche Turnen sie leistungsfähig für den ganzen Tag mache.

Meine Yoga-Erfahrung begann, als ich mit 45 Jahren unter allen möglichen klimakterischen Beschwerden litt. Ich suchte nach einer körperlichen Betätigung, die mein Befinden positiv beeinflussen sollte. Die Teilnahme an Gymnastikkursen brachte mir nicht den erhofften Erfolg. Nach 60 Minuten ununterbrochenem Gliederschwingen schwitzte ich zwar wie ein Schwerstarbeiter und ging mit dem guten Gefühl, etwas für meinen Körper getan zu haben, ins Bett. Aber die nächtlichen Schweißausbrüche hielten weiter an, die zittrige Unruhe und die Nervosität verschwanden nicht.

Im Winterurlaub erzählte mir eine Frau, daß sie keine Skigymnastik brauche. Sie treibt regelmäßig Yoga, und das erhält ihren Körper gelenkig.

„Es tut mir rundherum gut. Ich weiß nicht, wie ich ohne Yoga durch die Wechseljahre gekommen wäre."

Für mich war damit der Anstoß zur Teilnahme an einem Yoga-Kurs gegeben.

An die ersten Yoga-Stunden erinnere ich mich noch genau. Jedesmal fuhr ich enttäuscht nach Hause. Ich hatte keinen Tropfen Schweiß vergossen, fühlte mich nicht angestrengt oder erschöpft und hielt das Ganze für wenig hilfreich. Den Kurs, der 10 Wochen dauerte, wollte ich zu Ende führen und dann wieder zur Gymnastik gehen.

Irgendwann stellte ich fest, daß ich nach der von 20 bis 21 Uhr stattfindenden Yoga-Stunde besonders schnell einschlafe und mich am nächsten Morgen erfrischter und ausgeruhter fühle als üblich.

Wenn diese positive Wirkung tatsächlich von den Yoga-Übungen ausgeht, dachte ich, muß ich jeden Abend turnen. Also be-

gann ich ziemlich regelmäßig 20–30 Minuten bestimmte Übungen durchzuführen.
Die Urlaubsbekanntschaft hatte recht! Yoga hilft tatsächlich gegen Beschwerden des Kllimakteriums. Mit entspanntem, gut durchblutetem Körper schlafe ich erstaunlich schnell ein. Die Übungen haben eine positive Wirkung auf meinen Kreislauf. Die nächtlichen Schweißausbrüche gingen zurück, mein gesamtes Wohlbefinden verbesserte sich.
Die Yoga-Art, die mit Hilfe bestimmter Körperübungen Gesundheit und Körperbeherrschung erzielen möchte, heißt Hatha-Yoga und unterscheidet sich wesentlich von der bei uns üblichen Gymnastik. Die Yoga-Übungen werden langsam ausgeführt, und der Körper bleibt längere Zeit in der Endstellung der Übung.
Phasen der Spannung wechseln mit Phasen der bewußten Entspannung, in denen der Übende seine Körperreaktionen erspüren soll. Yoga-Übungen dienen hauptsächlich der Dehnung und Kräftigung von Muskeln und Bändern sowie der verbesserten Durchblutung der Organe.
Das Ziel der Yoga-Übungen ist immer die Harmonisierung des körperlichen und seelischen Befindens, Entspannung, Beruhigung und Stärkung von Körper und Geist. Sie sollen das innere Gleichgewicht wiederherstellen oder festigen.
Yoga-Übungen erfordern keinerlei körperliche Voraussetzungen. In meiner Yoga-Gruppe üben junge und ältere, sportlich durchtrainierte und vollkommen unsportliche Teilnehmer problemlos nebeneinander.
Sollten Sie eine Möglichkeit der körperlichen Betätigung suchen, die wohltut statt wehtut, die auch von unsportlichen Menschen mit Erfolg betrieben werden kann, versuchen Sie es mit Hatha-Yoga.
Auf den folgenden Seiten finden Sie einige Übungen, die mir besonders wohltun und die zu meinem täglichen Übungsprogramm gehören. Vielleicht haben diese Übungen die gleiche positive Wirkung auf Ihr Wohlbefinden und ermuntern Sie, sich mit Hatha-Yoga zu befassen.
Um eine gute Wirkung der Übungen zu erreichen, sollten Sie folgendes beachten:

1. Finden Sie heraus, zu welcher Tageszeit die Übungen Ihrem Körper am besten bekommen.
   Das Turnen am Morgen kann Spannkraft und Frische für viele Tagesstunden verleihen. Das Üben am Abend kann sich positiv auf Ihre Nachtruhe auswirken.
2. Wenn Sie Ihre günstigste Übungszeit gefunden haben, turnen Sie regelmäßig zur gleichen Zeit.
3. Üben Sie nicht mit vollem Magen.
4. Nehmen Sie als Unterlage einen Teppich oder eine vierfach gefaltete Decke.
5. Gehen Sie langsam und konzentriert in die Übungen, und belasten Sie Ihre Muskeln nur bis zur Schmerzgrenze. Es macht nichts, wenn Sie die Übung nur teilweise schaffen.
6. Entspannen Sie sich ausreichend und ganz bewußt nach jeder Übung. Die entspannende Ruhelage ist wichtig für die Wirkung aller Übungen. In dieser Phase verstärkt sich die Durchblutung des Körpergewebes.

Wer unter sehr hohem Blutdruck, unter Schwindelgefühlen, Netzhautablösung oder starken organischen Störungen leidet, sollte seinen Arzt fragen, welche Übungen nicht geeignet für ihn sind.

1. Entspannungslage

Wirkung
Diese Übung entspannt und beruhigt die Muskeln und das Nervensystem. Sie wirkt damit gegen Nervosität, Verkrampfung und Schlaflosigkeit.

Ausführung
Rückenlage, leicht gespreizte Beine, Füße kippen etwas nach außen, Oberarme an der Körperseite ablegen und für die Hände einen bequemen Platz zwischen Magengegend und Nabel suchen,
Augen schließen.
Man muß das Gefühl haben, ganz bequem und vollkommen symmetrisch zu liegen.

Atmung
Normaler Atemrhythmus und normale Atemtiefe
Beim Einatmen muß sich die Bauchdecke heben, beim Ausatmen muß sie sich senken
Diese Atmung, die hauptsächlich im unteren Teil der Lunge stattfindet und mit starker Bewegung des Zwerchfells verbunden ist, heißt Bauchatmung. Sie hat eine beruhigende und entspannende Wirkung.
Wer vollkommene Entspannung in dieser Übung sucht, sollte sein Denken während der Übung so weit wie möglich ausschalten.
Konzentrieren Sie sich auf Ihren Atem, spüren Sie die Kühle der eingeatmeten Luft an der Nasenschleimhaut, fühlen Sie, wie sich Ihre Bauchdecke beim Atmen hebt und senkt.
Versuchen Sie die Wärme Ihrer Hände auf deren Auflagefläche zu empfinden.
Wenn Ihnen das ausgestreckte Liegen auf dem Fußboden zu unbequem ist, versuchen Sie Ihre Lage zu verbessern, indem Sie sich ein Kissen unter den Kopf, unter das Kreuz oder unter die Kniekehlen legen.
Um den ganzen Körper zu entspannen, sollten Sie mindestens fünf bis zehn Minuten in der Übung verweilen. Zwischen andere Übungen zur Entspannung eingeschaltet, reicht eine Verweildauer von fünf bis zehn Atemzügen.

Variante der Übung
Bei der gleichen Rumpfhaltung bleiben die Arme locker an beiden Seiten des Körpers liegen. Die Hände ruhen dabei auf der Kleinfingerseite oder dem Handrücken.

2. Kerze

Wirkung
Die Kerze wirkt durchblutungsfördernd auf alle oberen Körperorgane. Sie regt die Hypophysentätigkeit an, verbessert die Gehirnleistung und wirkt positiv auf die Beschaffenheit der Gesichtshaut.
Durch das Verlagern des Körperschwerpunktes werden die Venen entlastet und Durchblutungsstörungen in den Beinen und Bauchorganen günstig beeinflußt.
Rücken-, Bein- und Bauchmuskulatur kräftigen sich.
Die Kerze wirkt positiv auf das zentrale Nervensystem. Sie beruhigt und entspannt den gesamten Körper.
Für viele Frauen ist die Kerze eine ausgezeichnete Übung gegen Schlafstörungen. Sie wird gerne abends durchgeführt.
Auf einige Frauen wirkt die Kerze allerdings anregend. Sie sollte dann am Morgen oder bei Müdigkeitserscheinungen geturnt werden.
Sie müssen selbst entscheiden, zu welchem Zeitpunkt die Übung auf Ihren Organismus am günstigsten wirkt. Da sie so außergewöhnlich positiv für den gesamten Körper ist, sollte sie täglich durchgeführt werden.

Ausführung
Auf den Rücken legen
Die angewinkelten Beine und das Becken heben und in eine möglichst senkrechte Stellung bringen.
Die Oberarme dicht neben den Körper legen und mit den Händen die Taille oder die Rippen abstützen.
Gesäß einziehen, Fußspitzen strecken,
Schultern und Hals sollen entspannt sein.

Atmung
Leichte Bauchatmung: einatmend die Bauchdecke heben, ausatmend die Bauchdecke senken. Blutstauungen im Kopf werden so verhindert.

Übungsdauer
Die Übungsdauer kann von 10 Sekunden auf mehrere Minuten gesteigert werden.
Es darf kein Blutstau im Kopf auftreten!
Nach jeder Kerze sollte in der Rückenlage entspannt werden, damit sich der Kreislauf normalisiert. – Bei Schwankungen Ihres Augeninnendrukkes fragen Sie bitte den Arzt, ob die Übung für Sie schädlich sein könnte.

3. Bogen

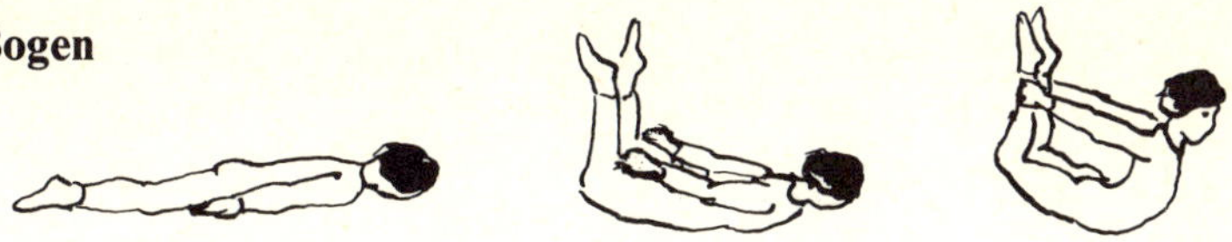

Wirkung
Der Bogen fördert außerordentlich gut die Beweglichkeit der Wirbelsäule.
Er kräftigt die Muskeln in Rücken, Bauch, Armen und Beinen.
Fettpolster am Gesäß, am Bauch und an den Hüften werden abgebaut.
Die Funktion der Verdauungs- und Sexualorgane wird angeregt.

Ausführung
Bauchlage mit gestreckten Beinen,
Arme neben den Körper legen,
Beine anwinkeln und die Füße soweit zum Gesäß führen, daß die Hände die Knöchel oder die Fußspitzen fest fassen können.
Beide Beine in leichter Grätschhaltung kräftig vom Körper weg drükken, die Oberschenkel lösen sich dabei vom Boden und der Oberkörper wird hochgezogen.
Beim untrainierten Körper tritt zunächst ein heftiges Ziehen in den Oberschenkeln auf.
Entspannung in der Bauchlage, Arme neben den Körper legen oder unter der Stirn verschränken.

Normale Atmung.

Übungsdauer
Fünf bis dreißig Sekunden in der Endstellung verharren,
Übung zweimal durchführen.

4. Rückenrolle

Wirkung
Die Übung fördert die Durchblutung des gesamten Körpers.
Sie wirkt dadurch entspannend und belebend.
Die Entschlackung wird angeregt, da die Bewegung eine Massagewirkung auf alle Verdauungsorgane und die Nieren ausübt.
Es erfolgt eine Stärkung der Wirbelsäule und der Bauchmuskulatur.
Verspannungen im Schulter- und Nackenbereich lösen sich.

Ausführung
Auf den Boden setzen,
Hände unter den angewinkelten Knien verschränken,
den Kopf so dicht wie möglich an die Knie ziehen.
Langsam, mit gerundetem Rücken auf der Wirbelsäule nach hinten abrollen und wieder vorrollen.
Bei der korrekten Ausführung der Übung bleiben die Beine dicht geschlossen und Kopf und Knie eng beieinander.
Wer Schwierigkeiten mit dem Vorrollen hat, sollte in der Rückenlage mit den Beinen wie beim Schaukeln Schwung holen.

Atmung
Einatmen beim Zurückrollen,
Ausatmen beim Vorrollen.

Übungsdauer
10 bis 20 Schaukelbewegungen, je nach Kondition und Freude an der Übung.

5. Strecksitz

Wirkung
Die Übung kräftigt die Bauch- und Gesäßmuskulatur und hilft, Fettpolster abzubauen.
Die Unterleibsorgane werden gut durchblutet.
Aus den Beinen kann gestautes Blut leichter abfließen.

Ausführung
Auf den Boden setzen,
Beine strecken,
Hände neben dem Körper aufstützen.
Die gestreckten Beine langsam so hoch wie möglich heben.

Normale Atmung.

Übungsdauer
Zehn bis zwanzig Sekunden in der Endstellung bleiben, dann die Beine langsam senken. Die Übung zwei- bis dreimal hintereinander durchführen.

Zu einer ausgezeichneten Gleichgewichtsübung wird der Strecksitz, wenn die Arme vor dem Körper parallel zu den erhobenen Beinen ausgestreckt werden.

6. Diagonalzug

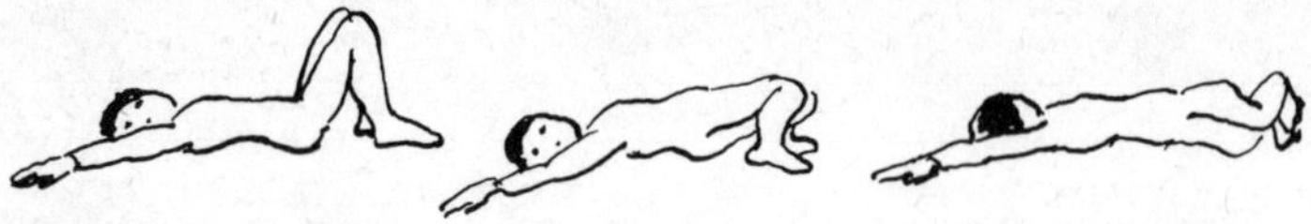

Wirkung
Die Übung kräftigt die gesamte Wirbelsäule und hält die Lendenwirbelsäule beweglich.
Bauch- und Gesäßmuskulatur wird gefestigt, Fettansatz an den Hüften abgebaut.
Bewegung und Spannung regen die Tätigkeit der Bauchorgane an.

Ausführung
Rückenlage,
Arme in Schulterhöhe auf dem Boden ausbreiten,
Füße dicht nebeneinander in Gesäßnähe aufstellen.
Beide Knie nach links auf den Boden sinken lassen, das rechte Bein dabei auf das linke Bein legen,
Kopf in entgegengesetzter Richtung bewegen.
10 Sekunden in dieser Haltung verharren, dann Beine und Kopf in fließender Bewegung auf die andere Körperseite bringen.

Normale Atmung.

Übungsdauer
Übung nach jeder Seite dreimal wiederholen

7. **Brustexpander**

Wirkung
Die Übung regt die Durchblutung des Schulter- und Nackenbereiches sowie des Kopfes an.
Sie beseitigt Verspannungen der Schultern und des Nackens und hilft gegen Kopfschmerzen, die aus Haltungsfehlern entstehen.
Die Brust- und Bauchmuskulatur wird gestrafft.
Die Übung wirkt belebend, da sie den Kreislauf anregt.

Ausführung
Aufrecht in leichter Grätschstellung stehen,
Hände mit gestreckten Armen in Taillenhöhe auf dem Rücken schließen.
Die gestreckten Arme langsam in Richtung Kopf bewegen,
den Oberkörper langsam nach vorne senken und den Kopf hängen lassen.
Die gestreckten Arme sollen durch ihr eigenes Gewicht so tief wie möglich sinken.

Normal atmen.

Übungsdauer
Zehn bis dreißig Sekunden in der Endstellung bleiben, dann aufrichten und entspannen.
Übung zwei- bis dreimal ausführen.

8. Heuschrecke

Wirkung
Die Übung fördert die Beweglichkeit der Wirbelsäule und wirkt gegen Bandscheibenschäden.
Sie festigt Gesäß und Hüften und regt die Durchblutung aller Unterleibsorgane an.
Die Muskulatur der Körpervorderseite wird stark beansprucht.
Eine Verringerung des Fettansatzes an Bauch und Hüften ist die Folge.

Ausführung
Bauchlage mit ausgestreckten Armen und Beinen,
gleichzeitig die gestreckten Beine und den Oberkörper mit den gestreckten Armen langsam heben,
Gesäßmuskeln kräftig zusammenziehen.
Arme und Beine sollen gestreckt und geschlossen sein, damit die Übung voll wirksam werden kann.
Nach der Übung in der Bauchlage entspannen. Die Arme neben den Körper legen oder unter dem Kopf verschränken.

Atmung
Einatmen beim Heben der Arme und Beine, dann normal weiteratmen.

Übungsdauer
Je nach Kondition 10 bis 20 Sekunden in der Endstellung bleiben, die Übung zweimal durchführen.

9. Zehenbrücke

Wirkung
Die Übung kräftigt die gesamte Muskulatur.
Sie festigt die Oberschenkel und die Bauchdecke.
Besonders günstig wirkt sie im Bereich der Lendenwirbelsäule. Die Beweglichkeit der Wirbelsäule wird gefördert und damit Haltungs- und Bandscheibenschäden vorgebeugt.
Kopf, Schulter- und Nackenbereich werden gut durchblutet.

Ausführung
Rückenlage,
Füße dicht am Gesäß aufstellen,
Arme in Schulterhöhe locker auf dem Boden ausbreiten,
das Becken so hoch wie möglich heben,
Füße auf die Fußspitzen stellen und den Nabel der Zimmerdecke entgegenrecken.
Schultern und Arme sollen locker auf dem Boden liegen.

Normale Atmung.

Übungsdauer
Fünf bis fünfzehn Sekunden in der Übung bleiben. Die Übung zweimal durchführen.

10. Grätschpflug

Wirkung
Die Übung fördert die Beweglichkeit der Wirbelsäule.
Sie wirkt gegen Fettansatz an Bauch, Hüften und Oberschenkeln und löst Verspannungen im Nackenbereich.
Die Durchblutung des Kopfes wird verbessert, Kopfschmerzen können beseitigt oder gemildert werden.
Das Zusammenknicken des Körpers wirkt anregend auf die Verdauungsorgane und die im Halsbereich befindliche Schilddrüse.

Ausführung
Rückenlage,
die gestreckten Beine und das Gesäß anheben,
die Beine grätschen und mit gestreckten Fußspitzen über den Kopf auf den Boden sinken lassen.
Die Arme können gestreckt neben dem Körper liegen bleiben oder ihn – wie bei der Kerze – stützen.
Zur Auflösung der Übung die gestreckten Beine langsam in die Ausgangslage zurückbringen.
Lassen Sie die Beine nur soweit nach hinten über den Kopf sinken, wie Ihnen das mühelos gelingt. Bleiben Sie mindestens 10 Sekunden in der Endstellung. Bei häufigem Üben wird Ihnen der Grätschpflug immer besser gelingen.

Normale Atmung.

Übungsdauer
Steigerung von 10 Sekunden bis zu einer Minute. Nach der Übung gut entspannen. Übung zwei- bis dreimal durchführen.

Gymnastik

Wenn Ihnen die körperliche Betätigung nach Yoga-Art nicht gefällt, treiben Sie Gymnastik.
Die Übungen 3–10 sind so ausgewählt, daß sie auch sehr sportlich geturnt werden können.
Führen Sie dann jede Übung 8- bis 12mal schnell hintereinander aus. Die Entspannungspausen fallen fort.
Auf jeden Fall sollten Sie sich in irgendeiner Form regelmäßig körperlich betätigen. Garten- und Hausarbeit oder Spaziergänge sind kein Ersatz für gezielt angewandte Körperübungen.
Volkshochschulen, Vereine, kirchliche Institutionen bieten fast überall ein umfangreiches Programm an geeigneten Veranstaltungen. Versuchen Sie einmal, an einem der angebotenen Kurse teilzunehmen. Vielleicht finden Sie eine Nachbarin oder eine Bekannte, die Sie zum Mitgehen überreden können.
Sie fühlen sich zu unsportlich, zu dick, zu alt und befürchten, ausgelacht zu werden?
Reden Sie sich *das* nicht ein! Um Gymnastik zu treiben, brauchen Sie nicht besonders sportlich zu sein. Ihre Beweglichkeit und Gelenkigkeit zu fördern und zu erhalten ist das *Ziel* – und nicht die Voraussetzung – gymnastischer Übungen. Also, wann fangen Sie an?
Sie fühlen sich zu dick? Ihr Übergewicht sollte Sie veranlassen, noch heute mit einem Gymnastikprogramm zu beginnen. Sie werden zwar kaum abnehmen durch 20 Minuten sportliche Bewegung am Tag, aber Ihre Muskeln straffen sich, das Bindegewebe wird fester, Ihre Haltung aufrechter.
Wer meint, für leichte sportliche Betätigung zu alt zu sein, ist wahrscheinlich nur zu bequem und zu faul. Sie sollen mit 50 Jahren keine Karriere als Kunstturner beginnen! Sie können aber jetzt durch regelmäßige Gymnastik vielen körperlich bedingten Altersbeschwerden vorbeugen.
Im mittleren Alter, zwischen 45 und 55 Jahren, ist unser Körper im allgemeinen noch so beweglich, daß gymnastische Übungen innerhalb kurzer Zeit beherrscht werden. Wer in diesem Alter jedoch zu bequem ist, aktiv zur Erhaltung seines körperlichen Wohlbefindens beizutragen, wird später zu leiden haben.

Fehlt Ihnen die Zeit, Lust oder Gelegenheit zur Teilnahme an Yoga- oder Gymnastik-Kursen, üben Sie regelmäßig zu Hause. Sie benötigen dazu nichts außer einem Platz in der Wohnung, auf dem Sie sich bequem ausstrecken können, und frische Luft.
In Frauenzeitschriften, Tageszeitungen, im Fernsehen und im Radioprogramm finden Sie immer wieder Anleitungen zum Turnen daheim. Das Angebot an Gymnastik- und Yoga-Büchern ist groß. Interessieren Sie sich einmal dafür!
Gegen klimakterische Beschwerden wirken Übungen besonders gut, die die Wirbelsäule trainieren und die Durchblutung der inneren Organe und des Kopfes fördern.
Die Wirbelsäule ist von entscheidender Bedeutung für die Beweglichkeit unseres Körpers. Alle auf die Wirbelsäule gerichteten Übungen fördern gleichzeitig die Durchblutung des im Wirbelsäulenbereich liegenden Nervengewebes. Gut durchblutete Organe erhalten mehr Nährstoffe, mehr Sauerstoff, als dies bei träger Durchblutung der Fall ist. Schlackenstoffe werden bei guter Durchblutung des Gewebes schnell abtransportiert. Sie können sich nicht festsetzen und zu Beschwerden oder krankhaften Veränderungen führen.
Eine gut funktionierende Durchblutung erzeugt Wärme und löst Verkrampfungen und Verspannungen. Gut durchblutete Körperteile sind in der Regel locker und entspannt und in ihren Funktionen nicht beeinträchtigt.
Fast jede Frau weiß, wie negativ sich kalte, also schlecht durchblutete Füße auf das Wohlbefinden auswirken. Jeder kennt aber auch die belebende und entspannende Wirkung eines warmen Bades. Wärme, Durchblutung, Entkrampfung – das sind positive Körperempfindungen.
So wie wir die Durchblutung der Füße durch Bewegung und Massage anregen können, ist das für jeden anderen Teil unseres Körpers möglich. Und eine wohltuende Wirkung auf unser Gesamtbefinden ist immer damit verbunden.
Die hormonellen Veränderungen im Körper der Frau lösen oft Störungen im vegetativen Nervensystem aus. Durch unseren Willen können wir diese Störungen nicht beseitigen. Wir können aber durch gezielte Körperübungen die Durchblutung und damit die Leistungsfähigkeit bestimmter Organe fördern. Wir vermei-

den oder vermindern damit Beschwerden, unter denen wir bei Unterfunktion der betreffenden Organe zu leiden hätten.
Die Verbesserung der Kopfdurchblutung wirkt sich zum Beispiel nicht nur positiv auf die Funktion der dort befindlichen Sinnesorgane und den Zustand der Gesichtshaut aus. Die Tätigkeit der Hypophyse – des zentralen Steuerorgans für hormonelle Abläufe in unserem Körper – wird gleichzeitig angeregt. Sie kann wiederum positiv auf andere Vorgänge unseres Körpers wirken.
Verbesserte Durchblutung, Wärme, gut arbeitende Organe, Entspannung, Wohlbefinden – das braucht unser Körper. Regelmäßige gymnastische Übungen können uns dazu verhelfen.

Sport

Natürlich wirken auch andere sportliche Betätigungen positiv. Bestimmte Muskelgruppen kräftigen sich, Herz und Kreislauf werden angeregt und gestärkt, die Sauerstoffversorgung des Körpers steigt, das Wohlbefinden wird erhöht. In diesem Sinne wirkt jede Sportausübung auch gegen klimakterische Beschwerden. Sportlich aktive Frauen leiden im allgemeinen weniger unter den Wechseljahren als Frauen, die keinen Sport treiben. Leider hören viele Frauen schon vor Erreichen des Klimakteriums mit der sportlichen Betätigung auf.
Jede Frau vor oder in den Wechseljahren sollte sich ernsthaft überlegen, ob sie in dem neuen Lebensabschnitt, der für sie beginnt, nicht aktiv Sport treiben soll. Es gibt viele Gründe, sich für den Sport zu entscheiden.
Sportlich aktive Frauen, das sagte ich bereits, leiden im allgemeinen weniger unter den Beschwerden der Wechseljahre. Noch wichtiger ist meiner Meinung nach die Entscheidung für sportliche Betätigung im Hinblick auf das Alter. Die Wechseljahre gehen vorüber. Wer körperlicher Anstrengung lieber ausweicht, wird das Klimakterium, auch ohne Sport zu treiben, überstehen. Die Lebensphase, die als Alter vor uns liegt, möchte jedoch jeder Mensch möglichst gesund, vital und harmonisch verleben.
Das beste Mittel zur Erhaltung der Körperkräfte, der Beweglichkeit und der Aktivität ist der Sport. Und je eher man im Hinblick

auf diese Tatsache damit beginnt, Sport zu treiben, desto einfacher und problemloser wird die Sportausübung bis ins hohe Alter hinein möglich sein.
Im Schwimmbad meines Wohnortes kann man mehrmals in der Woche acht bis zehn alte Mitbürger bewundern. Keiner von ihnen ist jünger als 75 Jahre. Sie treffen sich regelmäßig zum Schwimmen, treiben anschließend Gymnastik und Ballspiele. Daß ihnen die regelmäßige Sportausübung ausgezeichnet bekommt, kann man ihren gut erhaltenen Körpern ansehen.

Welche Sportarten können von sportlich Ungeübten mittleren Alters erlernt und bis ins hohe Alter betrieben werden? Die folgende Aufzählung erhebt keinen Anspruch auf Vollständigkeit!
Wer gut und ausdauernd zu Fuß ist, die Natur liebt, ein einigermaßen gesundes Herz sein eigen nennt, wandert natürlich. Vom Wandern zum Bergwandern und vom Bergwandern zum Bergsteigen ist es jeweils nur ein kleiner Schritt.
Wenn Sie eine ruhige Hand haben und sich sehr gut konzentrieren können, werden Sie vielleicht Mitglied in einem Schützenverein? Seit die Gleichberechtigung in diesen Vereinen Einzug hielt, wurde so mancher Schützenkönig von einer Dame entthront.
Oder möchten Sie Bogenschießen erlernen? Es ist ein eleganter und kraftvoller Sport, der bis ins Alter ausgeübt werden kann.
Auch beim Golfspiel braucht man eine ruhige Hand und gute Konzentrationsfähigkeit.
Wer Gemütlichkeit und Geselligkeit liebt, findet bestimmt Freunde und Freude beim Kegeln oder in einem der zahlreichen Tanzklubs. In manchen Tanzklubs und Tanzschulen weiß man bereits, daß tanzwillige Frauen oft mit Männern gesegnet sind, die das Fernsehen jeder anderen Betätigung vorziehen. Man bietet deshalb Kurse für tänzerische Gymnastik oder Volkstanz an.
Die Kämpfernaturen unter Ihnen müßten von Tennis oder Tischtennis begeistert sein. Tennisschulen gibt es heute überall, und in vereinseigenen Hallen können Sie auch im Winter recht preiswert an Ihrer Schlagtechnik feilen.
Zum Sammeln der ersten Tischtenniserfahrung eignet sich sogar der ausgezogene Eßtisch.
Punktesammeln können Sie auch beim Minigolf oder beim wett-

kampfmäßig betriebenen Federballspiel, das dann Badminton genannt wird.
Sie lieben das Wasser, stille Seen oder die brausende See? Dann müssen Sie sich entscheiden, ob Sie den Stürmen lieber im Paddelboot oder unter stolzen Segeln trotzen wollen. Ich kenne Leute, die mit 50 Jahren Jollensegeln lernten und sehr gute Jollensegler wurden. Sie bedauern allerdings immer, daß von den drei Wochen Segelurlaub, die sie sich als Binnenländler leisten können, mindestens eine Woche wegen Flaute verlorengeht.
Paddeln können Sie ohne Wind auf vielen kleinen Gewässern. Außerdem gehört ein Paddelboot noch zu den gut transportablen Sportgeräten.
Wenn Sie keine Sportart finden, die Ihnen Freude macht oder die Sie regelmäßig betreiben können, gehen Sie schwimmen, oder fahren Sie Rad. Das kann man so gut wie überall, es ist billig, familienfreundlich und außerordentlich gesund.
Ich unternahm heute nachmittag eine eineinhalbstündige Langlauftour. Sie brachte meinen Körper so in Schwung, daß ich sechs Stunden ohne Ermüdungserscheinungen hinter dem Schreibtisch sitze. Mein Gesicht ist immer noch gut durchblutet, Hände und Füße sind warm.
Wer behauptet: „Sport ist Mord“, sollte es einmal mit Langlauf versuchen. Ich vermute, er würde seiner Gesundheit damit einen guten Dienst erweisen.
Probieren Sie, ob es stimmt, was da gestern fettgedruckt in der Zeitung stand: „Langläufer leben länger.“

Macht Arbeit zufrieden?

Ich kenne viele, sehr viele Frauen, die den Weg in die zweite Hälfte ihres Lebens bereits beschritten haben. Die meisten von ihnen sind recht zufriedene Menschen.
Einige meiner Bekannten waren nie oder selten unzufrieden in den durchlebten 50 oder 55 Jahren. Sie fanden sich ab mit dem, was das Schicksal ihnen bot, sie machten immer das Beste für sich daraus, oder sie bekamen tatsächlich immer das, was sie sich wünschten.
Andere hatten zu kämpfen, Konflikte zu bewältigen, mußten Niederlagen und Enttäuschungen überwinden, bis sie das Leben, das sie nun führen oder führen wollen, bejahten. Ihre Zufriedenheit ist hart errungen.
Die wenigen unzufriedenen Frauen, die ich kenne, klagen selten über ihre materielle Situation. Fast alle wohnen in eigenen Häusern oder geschmackvoll eingerichteten Wohnungen, sie verreisen im Urlaub und sehen nicht wie Aschenputtel aus. Ihre Klagen betreffen auch kaum die mitmenschlichen Beziehungen. In den meisten Fällen funktioniert die Ehe einigermaßen, die Kinder bereiten nicht mehr Sorgen als überall, ein Freundes- oder Bekanntenkreis ist vorhanden. Und trotzdem fehlt diesen Frauen etwas Entscheidendes, das ihr Leben erst richtig lebenswert macht.
Meine Schwester gehörte zu diesen Frauen.
Ungern denke ich an einen Nachmittag zurück, der mit einem unschönen Familienkrach endete. Meine Schwester Helga und ihr Mann Heinz waren die Hauptakteure.
Heinz beschwerte sich mächtig über seine Frau, die mit hängenden Mundwinkeln unbeteiligt im Sessel hockte und lustlos ihren Kuchen zerbröselte.

„So sitzt sie zu Hause stundenlang in der Sofaecke“, sagte er. „Sie spricht kaum mit mir, und wenn sie den Mund aufmacht, ist es, um mich oder den Jungen zu beschimpfen. Also glaubt mir bitte, seit einem halben Jahr weht bei uns nur noch Nordost in der Familie. Wenn Helga wenigstens sagen würde, was ihr tatsächlich fehlt.“
Böse tönte es aus dem Sessel: „Laßt euch nicht von ihm aufhetzen, er weiß genau, was mit mir los ist.“
Wir wollten wissen, was meiner Schwester fehlt.
„Bist du krank? Hast du Sorgen? Können wir dir helfen? Nun sage doch endlich, was los ist.“
Sie antwortete nicht.
„Heinz, was ist passiert, sprich du wenigstens.“
„Sie sagt, es ist das Klimakterium.“
Erst einmal lachten wir erleichtert, jeder hatte Schlimmeres erwartet.
Meine Schwester war wütend. „Der Arzt findet das Klimakterium nicht so lustig wie ihr. Er sagt, mir geht es ausgesprochen schlecht.“
„Und was unternimmst du gegen deine Leiden?“
„Was soll ich unternehmen?“
Heinz stellt die Situation recht deutlich dar.
„Sie macht nichts, überhaupt nichts. Sie hockt nur zu Hause. Daß sie keine Medikamente nimmt, verstehe ich noch. Aber sie wird vollkommen apathisch. Jetzt, wo sie wirklich Zeit hat, könnte sie schwimmen gehen, wieder eine Kindersportgruppe übernehmen, damit sie auf andere Gedanken kommt. Ich mache so oft Vorschläge für gemeinsame Unternehmen, sie hat zu nichts Lust. Sie könnte wieder arbeiten gehen, stundenweise, wenn ihr das hilft. Aber nein, sie hat keine Lust, sie fühlt sich krank, und ihren Beruf hat sie vollkommen verlernt. Das behauptet sie wenigstens.“
Nach einem erregten Wortwechsel verließ meine Schwester weinend die bestürzte Familie.
Einige Wochen später ist der Familienfrieden wieder hergestellt. Meine Schwester wurde gegen ihren Willen berufstätig. Eine ehemalige Kollegin, die eine eigene Praxis für Krankengymnastik besitzt, hatte sie geradezu um Hilfe angefleht. Und nun er-

fuhr meine Schwester, daß sie ihren Beruf keinesfalls verlernt hat, daß sie durchaus die Fähigkeit besitzt, ehemalige Kenntnisse zu aktivieren und neuartige Behandlungsmethoden zu erlernen.

Es muß eine ungeheuer wohltuende Erfahrung für sie gewesen sein. Erst sehr viel später gab sie zu, daß sie sich in den letzten Jahren als Nur-Hausfrau zunehmend unzufrieden, überflüssig und unfähig für alles außer der gewohnten Hausarbeit gefühlt habe.

Jetzt gehört sie zu den zufriedenen Frauen. Sie arbeitet 10–20 Stunden in der Woche. Das Klimakterium hat sie seitdem vergessen, behauptet ihr Mann.

Andere, heute mit sich und ihrem Leben zufriedene Frauen machten ähnliche Erfahrungen wie meine Schwester. Es handelt sich dabei – jedenfalls in meinem Bekanntenkreis – ausschließlich um Frauen, die den größten Teil ihrer Ehe als Hausfrau verbrachten.

Wenn die Kinder selbständig werden, die Familie nicht mehr den vollen Einsatz benötigt, entsteht bei vielen Frauen ein Gefühl der Leere. Mit 45 oder 50 Jahren fühlen sie sich noch zu jung, um ihre Kräfte im täglichen Trott eines meist auf zwei Personen reduzierten Haushaltes zu verbrauchen. Und überhaupt, was ist das für ein Leben: Haushalt, Haushalt, Haushalt! Der tägliche Kampf gegen Staub und schmutziges Geschirr ist so unsagbar zermürbend, wird so wenig anerkannt und fällt vielen Frauen auch deshalb so schwer, weil es ein einsamer Job ist. Weniger die Monotonie der Arbeit als die Isolation der Arbeitenden bringt die Nerven zum Klirren.

Einen Haushalt zu führen, erfordert sicherlich mehr Fähigkeiten und Kenntnisse als mancher Beruf. Ich kann jedoch alle Frauen verstehen, die nach jahrelanger Hausfrauentätigkeit wieder in einen anderen Beruf streben, sei es aus Furcht, in der Hausarbeit zu erstarren, oder sei es, weil sie das viele Alleinsein nicht ertragen oder weil ihnen ihr Beruf einfach mehr Freude macht, mehr Befriedigung gibt.

Der häufig mit der Lebensmitte verbundene bewußte oder unbewußte Wunsch nach Aufnahme einer Berufstätigkeit hat nichts mit den biologischen Vorgängen des Klimakteriums zu tun. Er drückt nur aus, daß die eigene Situation als unbefriedigend und veränderungswürdig empfunden wird. Ein Zusammenhang mit dem Klimakterium ergibt sich insofern, als Unruhe und Unzufriedenheit, die aus der nicht zufriedenstellenden eigenen Lage erwachsen, viele Beschwerden des Klimakteriums verstärken können. Jede Frau sollte daher spätestens mit Beginn des Klimakteriums prüfen, wie zufrieden oder unzufrieden sie mit ihren bisherigen Tätigkeitsbereichen ist.

Für eine berufstätige Frau – besonders wenn sie auf ihren Verdienst als Lebensunterhalt angewiesen ist – wird es schwieriger oder unmöglich sein, sich neu zu orientieren. Da muß die Unzufriedenheit schon ganz gewaltig drücken, oder es liegen günstige materielle oder berufliche Verhältnisse vor, wenn der Entschluß zu einer Berufsänderung gefaßt wird.

Vielleicht widersprechen Sie mir energisch, wenn ich behaupte, daß Hausfrauen ihre Situation leichter ändern können als berufstätige, auf ihren Verdienst angewiesene Frauen. Ich setze allerdings voraus, daß das Einkommen des Ehemanns die materielle Basis der Hausfrau sichert. Ganz schlimm ist die Situation für Frauen, die nach jahrelanger Hausfrauentätigkeit gezwungen sind, Geld zu verdienen.

Bevor Sie sich als langjährig gediente Hausfrau zur Aufnahme einer Berufstätigkeit entschließen, sollten Sie sich einige Fragen beantworten, um Klarheit über die eigene Situation zu gewinnen. Sie könnten sich fragen:

- Warum möchte ich arbeiten?
- Ist mir die Hausarbeit zu langweilig, zu monoton, zu geisttötend?
- Fühle ich mich im Haushalt unterfordert, nicht ausgelastet, überflüssig?
- Brauche ich mehr Anerkennung meiner Leistung?
- Fehlt mir Kontakt zu anderen Menschen?
- Bedeutet die Berufstätigkeit eine Daseinserweiterung für mich?
- Möchte ich in erster Linie Geld verdienen?
- Wie viele Stunden in der Woche möchte ich arbeiten?
- Welche Fähigkeiten und Kenntnisse besitze ich?
- Welche Arbeit würde ich besonders gerne ausführen?

- Wie und wo könnte ich meine beruflichen Kenntnisse auffrischen?
- Was würde sich an meinem bisherigen Leben, an meinem Tagesablauf ändern, wenn ich arbeiten gehe?
- Welche Vorteile und welche Nachteile hätte die Berufstätigkeit für mich und meine Familie?

Dieser Fragenkatalog läßt sich nach Belieben erweitern. Beantworten Sie die Fragen am besten schriftlich und vor allen Dingen ehrlich. Keine falsche Scham! Anerkennung der Leistung z. B. braucht, mit Ausnahme weniger Heiliger, jeder Mensch.
Wenn Sie herausgefunden haben, was Sie wollen oder nicht wollen, haben Sie auch die Argumente in der Hand, andere Menschen von Ihren Vorhaben zu überzeugen. Sie können sachlich argumentieren.
Gehören Sie zu den Frauen, denen die Anknüpfung und Aufrechterhaltung menschlicher Kontakte wichtiger ist als das Geldverdienen?
Dann sind für Sie die Chancen, einen Job zu finden – auch in Zeiten mit erheblicher Arbeitslosigkeit – noch recht gut. Zwei Voraussetzungen sollten Sie allerdings erfüllen:
1. Die Initiative zur Arbeitssuche müssen Sie selber ergreifen und zwar ganz gezielt und offensiv.
2. Sie dürfen keine Vorbehalte gegen bestimmte Arbeiten haben.
Ein paar Beispiele sollen verdeutlichen, was ich meine und Ihnen Mut zur eigenen Aktivität machen.
Ich kenne die kinderlose Frau eines Germanistikprofessors, die täglich ein paar Stunden in einem Warenhaus Pullover verkauft. Es macht ihr Spaß, und sie ist froh, als Frau ohne erlernten Beruf diese Tätigkeit gefunden zu haben. Das Gerede, dem sie sich aussetzte, war ihr völlig egal.
In einem kleinen Kaffeeausschank füllt seit kurzem die grauhaarige Witwe eines Arztes die Tassen. Sie könnte genauso gut faulenzend die Urlaubsorte Europas durchstreifen, das Geld dazu hätte sie. „Ich würde auf die Dauer verrückt werden dabei“, ist ihre Meinung. „Dies hier ist doch ein netter Job. Ich lerne Unmengen Menschen kennen, und es macht mir Spaß.“
Frau S. schreibt seit zwei Jahren Berichte und Plädoyers für ei-

nen Rechtsanwalt. Sie fragte den offensichtlich überlasteten Mann bei einem Grundstückskauf, ob sie ihm irgendwelche Schreibarbeiten abnehmen könne.
Die Frau eines Kollegen verkauft an drei Nachmittagen der Woche in einem kleinen antiquierten Lädchen Süßigkeiten. Sie bot dem alten Geschäftsinhaber im hektischen Weihnachtstrubel spontan ihre Hilfe an und heute würde er ihr am liebsten sein Geschäft vererben.
Auf dem Markt sitzt Mittwoch und Samstag eine Frau mit unzähligen Kräutern und selbstverfaßten Kräuterrezepten. Sie ist Hausfrau mit eigenem Kräutergarten als Hobby.
Meine frühere Nachbarin, die in ihrem Beruf als Laborantin keine Arbeit fand, schulte um zur Altenhelferin.
In einer Gesprächsgruppe lernte ich die Ärztin Dr. A. kennen. Sie bot der veranstaltenden Institution die Durchführung von Kursen für Mütterberatung an. Ihre Kurse kamen versuchsweise in das Programm und erwiesen sich als voller Erfolg.
Meine Liste über Frauen, die sich am eigenen Zopf aus ihrem etwas trostlosen Alltag zogen, könnte ich seitenweise fortsetzen.
Wohlgemerkt, das sind alles keine Lebensaufgaben, die hier übernommen wurden, keine sensationellen Wege zur Selbstverwirklichung.
Für jede der Frauen ist ihre Tätigkeit jedoch ein Schritt aus der Isolation des Hauses, wird als angenehm empfunden und läßt ihnen trotzdem noch genügend Raum für Haushalt und persönliche Interessen.
Ich möchte vermeiden, ein einseitiges Bild der mir bekannten Frauen zu zeichnen. Es ist nicht so, daß jede Hausfrau nur durch Berufstätigkeit ihre Zufriedenheit erlangt.
Mit der 46jährigen Frau M. spiele ich manchmal Tennis. Sie ist Hausfrau ohne erlernten Beruf, die Tochter studiert. Frau M. hat nie Zeit. Nicht der Haushalt frißt ihre Stunden, nein, ihre Hobbys lasten sie vollkommen aus. Sie spielt Klavier mit Leidenschaft und Ausdauer. Sie erweitert ihre Kenntnisse in Englisch und Französisch durch intensive Studien. Sie entwirft und strickt Pullover für sich und die Verwandtschaft. Sie näht ihre Kleider selber. Im Moment bereitet sie eine größere Reise vor, korrespondiert mit Reiseunternehmen und arbeitet Besichtigungsfahr-

ten aus. Frau M. treibt Sport und feiert die Feste, wie sie fallen. Klagen über das Klimakterium hörte ich von ihr noch nie.
Wie Frau M. genießt meine Cousine E. ihr freies Leben. Sie ist kein Putzteufel, sie ist geistig nicht zurückgeblieben, sie ist eine sehr gepflegte, gut informierte, politisch und kulturell interessierte Frau. Und sie behauptet, ein vollkommen zufriedener Mensch zu sein.
Meine berufstätigen Bekannten, die im Alter zwischen 45 und 55 Jahren ihre Arbeit aufgaben oder einschränkten, kann ich an einer Hand aufzählen.
Da ist meine unverheiratete Kollegin Z., die ihre Arbeitszeit kürzen ließ, weil sie die ihr zugemutete Arbeit einfach nicht mehr bewältigte.
Da hängte meine Freundin K. mit 54 Jahren ihren Lehrerberuf an den Nagel und lebt von einer spartanischen Witwenrente. „Ich genieße jeden Tag, an dem ich mich nicht mehr in der Schule rumzuärgern brauche", sagt sie und bestellt voll Freude ihren Garten. Sie war eine anerkannt gute Pädagogin.
Da ist Ulla, mit der zusammen ich vor 30 Jahren Handball spielte. Energisch, zielbewußt, logisch im Denken, leitete sie eine Bankfiliale in einer mittelgroßen Stadt. Ihren 51. Geburtstag verlebte sie nach über 30 Berufsjahren als Hausfrau. Seit drei Jahren erwarten wir ihre Reue über die Flucht an den Kochtopf. Bis jetzt ist Ulla gutgelaunt und glücklich, endlich für Dinge Zeit zu haben, die früher nur als Wunschtraum auf ihrem Tagesplan erschienen. Der Haushalt läuft so unaufwendig neben ihren Hobbys wie früher neben dem Beruf.
Und da ist meine Zahnärztin, die ihre gutgehende Praxis demnächst schließt, um noch ein paar angenehme Jahre zu genießen, statt ihre Armgelenke bei der Behandlung vollkommen zu ruinieren.
Frau S., eine Fachfrau für Bürotechnik, kehrte nach einem Jahr Hausfrauendasein in ihren Beruf zurück. „Ich wäre lieber zu Hause geblieben", sagte sie. „Aber mein Mann sah in mir nur noch die Putzfrau, der fing an, Forderungen zu stellen und nach Bedienung zu rufen. Völlig verändert war der Mensch. Ich muß wieder Geld verdienen, um meine Selbständigkeit und mein Selbstvertrauen zu bewahren."

Und ich selber?
Ich bin entschlossen, berufstätig zu bleiben, obwohl ... Aber lesen Sie weiter.
Es gibt Tage, an denen ich vor Mißmut triefe.
Ich kann nicht, ich mag nicht, ich will nicht aufstehen an diesem Morgen. Einen großen Teil meiner Tagesenergie verbrauche ich dabei, mich aus dem Bett zu jagen und mich für den Arbeitsbeginn instand zu setzen.
Wozu die Quälerei? frage ich mich an solchen Tagen. Warum hänge ich meinen Beruf nicht an den berühmten Nagel, bleibe zu Hause, um endlich ausschlafen zu können, um so zu leben, wie mein Körper es scheinbar verlangt? Warum tue ich das nicht? Während ich mir vornehme, demnächst Schritte zur Verringerung oder Aufgabe meiner Berufsarbeit zu unternehmen, während ich mir ausmale, wie herrlich, wie zufrieden, wie abwechslungsreich ich als Nichtberufstätige, als Nur-Hausfrau leben und wirtschaften werde, erreiche ich meinen Arbeitsplatz.
Meine Probleme bleiben hier vor der Tür. Kein Mensch fragt: Kommen Sie heute gerne zur Arbeit? Haben Sie gut geschlafen? Fühlen Sie sich wohl?
Die Fragen, die ich beantworten muß, befassen sich mit den Problemen anderer Menschen. Ich werde dafür bezahlt, daß ich jungen Leuten Auskunft gebe über ihre Rechte und Pflichten in Beruf und Gesellschaft, und dafür, daß ich ihnen das für ihren Beruf notwendige Wissen beibringe.
Ob ich das an diesem Morgen gerne tue, ob ich Kopf- oder Bauchschmerzen habe, ob mir nach einer dieser widerlichen Hitzewellen der Schweiß von der Stirn tropft, ob es mir schwerfällt, mich zu konzentrieren, auf unklare Fragen klare Antworten zu geben, niemanden interessiert das, niemand nimmt das wahr.
Registriert werden Fehlleistungen, registriert wird, daß ich mich plötzlich weigere, zusätzliche Aufgaben zu übernehmen, registriert wird, daß mir Dinge, die jüngeren Kollegen ungeheuer wichtig scheinen, gar nicht so wichtig sind. Ja, wenn ich mir ein Schild um den Hals hängen würde: Wegen häufiger Kreislaufbeschwerden, wegen hormonell bedingter Stoffwechselstörungen, wegen starker Gelenkschmerzen nicht voll belastbar, nähme man vielleicht achselzuckend mein Verhalten hin.

Von meinem Arbeitgeber hätte ich eine kleine Ansprache zu erwarten. Etwa so: „Wir müssen volle Leistung verlangen, klar, nicht wahr? Wenn das nicht geht, lassen Sie sich krankschreiben, oder hören Sie auf zu arbeiten. Aber schließlich gibt es für *Ihre* Beschwerden ja wunderbare Medikamente. Meine Frau kriegt jedes Vierteljahr eine Östrogenspritze. Fabelhaft, sage ich Ihnen, fabelhaft! Das sollten Sie auch mal versuchen."
Ich möchte es nicht versuchen.
Ich möchte mit den natürlichen Vorgängen meines Körpers auf natürliche Weise fertig werden.
Und darum hänge ich mir kein Schild um den Hals, verkneife mir die Frage: „Schon mal was von Klimakterium gehört?" Ich versuche, im beruflichen Bereich so gut zu sein, wie es meine körperliche und seelische Situation gestattet. Ich scheue mich nicht an Tagen, an denen ich übernervös, unkonzentriert und empfindlich bin, zu sagen: „Mir geht es heute nicht besonders gut, wir müssen sehen, wie wir über die Runden kommen."
Ich weigere mich, Aufgaben zu übernehmen, die über mein normales Arbeitspensum hinausgehen, wenn ich befürchte, daß eine zusätzliche Belastung meine Kräfte zu sehr beansprucht.
Auf dieser Basis empfinde ich meine Arbeit positiv,

- weil sie mir finanzielle Selbständigkeit gibt,
- weil sie mich zu körperlicher und geistiger Aktivität zwingt,
- weil die Auseinandersetzung mit den Problemen anderer Menschen die Überbewertung eigener Probleme verhindert,
- weil mir die persönliche Leistung, auch wenn sie manchmal schwerfällt, Freude bereitet.

Ich bin der Meinung, auch zu den mit ihrem Leben recht zufriedenen Frauen zu gehören.

Sprechen Sie sich aus

Ein wichtiger Spruch bei meiner Erziehung zum nützlichen Mitglied der menschlichen Gesellschaft war dieser: „Reden ist Silber, Schweigen ist Gold."

Zum Glück nehmen Kinder nicht alles, was Erwachsene sagen, als Richtlinien für das eigene Leben ernst. Es wäre geradezu selbstzerstörerisch, sich an dieses Sprichwort zu halten.

Alle Menschen sollten viel mehr miteinander reden, sie sollten freier und offener zueinander sein. Das gegenseitige Verständnis würde wachsen.

Probleme verlieren an Gewicht bei der Erkenntnis, daß ein Mitmensch die gleichen Probleme hat. Viele Leiden und Sorgen lassen sich leichter bewältigen, wenn sie mit einem verständnisvollen Partner besprochen werden. Wie entlastend ist es, sich Kummer und Schmerz im wahrsten Sinne des Wortes von der Seele reden zu können, und wie hilfreich, Trost und Aufmunterung zu erhalten. „Wir schaffen das schon" statt des Zweifels „Ob ich das schaffe?"

Hierher gehört ein anderes Sprichwort: „Geteiltes Leid ist halbes Leid."

Im Klimakterium befinden sich viele Frauen in ungewohnter, oft schwieriger Situation. Sie sind organisch vollkommen gesund und fühlen sich trotzdem zum Verzweifeln elend. In der Familie kann der gestörte Gesundheitszustand zu Spannungen führen. „Stell dich nicht so an", „Du wirst wohl hysterisch", „Mutti kann nur noch nörgeln und schimpfen", „O Gott, wo ist unser Frieden hin!", das sind einige Bemerkungen, die nicht zur Verbesserung der Familienstimmung beitragen.

Fallen in Ihrer Familie ähnliche Äußerungen?

Sind Sie der Meinung, daß Ihre körperliche und nervliche Be-

lastbarkeit in der letzten Zeit abnahm? Haben Sie in Ihrer Familie schon einmal über die Problematik der Wechseljahre gesprochen, oder versuchten Sie bisher immer, Ihr schlechtes Befinden vor der Umwelt zu verbergen oder zu verschleiern?
Es kostet Kraft und Nerven, die alltäglichen Arbeiten bei angeschlagener Gesundheit zu vollbringen. Es kostet zusätzlich Kräfte, die schlechte gesundheitliche Situation zu überspielen und niemand merken zu lassen, wie ruhe- und schonungsbedürftig der eigene Körper im Augenblick ist.
Ich kenne Frauen, die ihre eingeschränkte körperliche Belastbarkeit als persönliches Versagen auffassen. Sie geben einfach nicht zu, wie schlecht es ihnen geht, und vermeiden Gespräche über ihr psychisches und physisches Befinden. Sie versuchen, mit Hilfe ihres Willens und unter Aufbietung aller Kräfte weiterzuleben wie bisher, und bezahlen diesen Einsatz oft mit Nerven- oder Kreislaufzusammenbrüchen, mit organischen Krankheiten oder psychischen Störungen.
Alle möglichen Motive kommen als Ursache für dieses Verhalten in Frage, z.B. ausgeprägtes Pflicht- und Leistungsbewußtsein, Angst vor Kritik, eine Erziehung unter dem Motto „Lerne leiden, ohne zu klagen", der Glaube an die Unersetzlichkeit der eigenen Leistung: „Ohne mich bricht hier das Chaos aus."
Meine Freundin Lilo und meine Kollegin E. gehörten zu diesen Frauen. Ich muß schreiben „gehörten", da beide an der Mißachtung ihrer körperlichen Bedürfnisse starben.
Meine Kollegin E. starb, vollgestopft mit Medikamenten – nur keine Schwäche zeigen! – während einer Konferenz, drei Wochen nachdem ich das Gespräch auf Seite 27 notierte.
Meiner Freundin Lilo, Fachärztin für innere Medizin, konnte kein Arzt mehr helfen, als ihr Perfektionismus und ihre unermüdliche Hilfsbereitschaft zu einem totalen Kreislaufversagen führten. Sie hatte nicht den Mut, über ihre eigenen Leiden zu reden, Anteilnahme für sich zu fordern. Mann, Kinder und Patienten, denen sie ihre Lebenskraft opferte, existieren munter weiter, auch ohne Lilos Fürsorge.
Meine Freundin G., von der ich auf Seite 25 berichte, lebt nach der Entlassung aus dem Sanatorium ihr gewohntes Leben. Bis zum nächsten Zusammenbruch, vermute ich.

Gehören Sie auch zu den Frauen wie Lilo, G. oder Frau E.? Dann sollten Sie ernsthaft überlegen, ob Ihr aufopferndes Verhalten notwendig ist. Sie müssen Kraft, Mut und Zeit aufbringen, sich mit einem Menschen Ihres Vertrauens zu beraten, sich auszusprechen, Hilfe und Verständnis von Ihrer Umgebung zu fordern.

Viele Frauen erhoffen zwar von ihrer Familie oder den Kollegen Rücksicht, Einsicht und Verständnis. Sie sind enttäuscht, daß niemand so richtig wahrnimmt, wie schlecht es ihnen manchmal geht, und vergessen, daß die meisten Menschen vorwiegend mit sich selbst beschäftigt sind. Diese Menschen merken nicht oder viel zu spät, wie der Mann oder die Frau an ihrer Seite leidet. Irgendwann heißt es dann: „Ja, warum hast du nie gesagt, wie schlecht es dir geht! Ich hätte dir doch geholfen."

Der Vorwurf „Hättest du doch was gesagt" ist voll berechtigt. Er gilt nicht nur für die Frau im Klimakterium, die still und ergeben vor sich hinduldet. Aber für sie ist es ganz besonders wichtig, ein aufklärendes Gespräch mit den Menschen ihrer unmittelbaren Umgebung zu führen. Grippe, Lungenentzündung, ein gebrochenes Bein, das sieht man Ihnen an. Sie werden bedauert, geschont, betreut und erhalten die Zuwendung, die ihrem schlechten körperlichen Zustand entspricht. Wer sieht Ihnen jedoch an, wie Ihre Arme heute wieder taub sind oder kribbeln? Kein Mensch merkt, wie verquollen und aufgedunsen Sie sich fühlen. Und Ihre Anstrengungen zur Überwindung von Unlust oder Inaktivität bleiben unbemerkt. Feststellen wird Ihre Umgebung, daß Sie häufiger gereizt reagieren als früher, daß Sie manche Tage nur mit gedrosselter Lebenskraft bewältigen.

Wie können Kinder, Männer, Freunde und Bekannte ahnen, was in Ihrem Körper passiert?

Die beste Möglichkeit, Achtung und Verständnis für Ihre Situation zu erlangen, ist das Gespräch.

Wenig sinnvoll, aber immerhin besser als gar nichts ist es, zu sagen: „Ich komme in die Wechseljahre, jetzt werde ich mich oft gereizt und überfordert fühlen. Nehmt das zur Kenntnis und Rücksicht auf mich."

Besser ist es – jedenfalls in der Familie – über Ursachen und Beschwerden der Wechseljahre zu sprechen. Legen Sie Ihrem

Mann und Ihren Kindern eine Liste möglicher Wechseljahrsbeschwerden vor. Die werden staunen, welchen Leiden Sie ausgesetzt sein könnten, die werden sich freuen und Sie bewundern, wie Sie trotzdem nicht verzagen und Ihren Alltag bewältigen. Gelegentliche Schwächeanfälle, Nervosität oder Überempfindlichkeit wird die Familie mit Würde ertragen.
Wie harmlos sind diese Erscheinungen im Gegensatz zu dem, was an Beschwerden möglich ist.
Sprechen Sie über die biologischen Ursachen des Klimakteriums, lesen Sie das Kapitel über Hormone vor. Das interessiert auch junge Menschen und Männer. Es tut jedem Menschen gut, zu wissen, welchen Einflüssen sein körperliches und seelisches Gleichgewicht unterworfen ist. Auch die männliche Potenz wird von Hormonen gesteuert, und männliche Hormondrüsen altern auch.
Das Klimakterium ist ein biologischer Vorgang. Es ist nichts, worüber Sie sich zu schämen brauchen. Genausowenig wie das Grauwerden der Haare verhindert werden kann, können Sie durch gutes Zureden oder Willensanstrengung die Funktion Ihrer Eierstöcke wieder in Gang bringen.
Männern oder Kindern, die Ihre Beschwerden bagatellisieren oder belächeln, sollten Sie bei Gelegenheit die gleichen Sprüche servieren, die Sie zu hören kriegen: „Nimm dich zusammen – Wie du uns wieder die Stimmung verdirbst – dauernd verlangst du Rücksichtnahme!“
Ich weiß nicht, wie es Ihnen geht, aber ich merke, wenn ich besonders nervös bin. Manchmal sind meine ersten Worte an einem Sonntagmorgen ausgesprochen aggressiv und böse.
Statt meinem Mann einen fröhlichen guten Morgen zu wünschen, über Träume oder Pläne für den vor uns liegenden Tag zu sprechen, sage ich unliebenswürdig: „Deine hundert Tonbänder von gestern liegen immer noch auf der Erde. Diese Liederlichkeit ist einfach unerträglich.“ Oder: „Wann lernst du endlich, daß der Käse abends in die Speisekammer zurückgestellt werden muß. Zwanzig Jahre predige ich dir das schon.“ Oder: „Deine gammeligen Blumentöpfe auf dem Fensterbrett bringen mich zur Verzweiflung. Hoffentlich geht das Zeug bald ein.“ Normalerweise stören mich Tonbänder, Käse und Blumentöpfe kaum.

Nachdem ich uns etliche schöne Tage durch meine ungerechtfertigte Gereiztheit verdorben hatte, sprach ich mit meinem Mann. Er verstand die Ursachen meiner Unduldsamkeit, ihm wurde klar, daß ich unter meinem Verhalten, unter mir selber genauso leide wie er. Meine Unruhe, meine Gereiztheit brauchen ein Ventil.

Jetzt kündige ich manchmal an: „Ich bin außerordentlich nervös. Ich werde stundenlang nichts anderes tun als schimpfen. Ertrage es mit Fassung."

Und dann bin ich tatsächlich unerträglich. Ich habe kein schlechtes Gewissen dabei, ich reagiere meine Mißstimmung einfach ab. Mein Mann ist gewarnt. Er faßt meine Ausbrüche auf als das, was sie sind: der Ausdruck eines gestörten Wohlbefindens, nicht ganz ernst zu nehmen. Er reagiert gelassen, geduldig, voller Verständnis und weiß, bald werde ich wieder friedlich und fröhlich sein.

Durch „darüber sprechen" haben wir bisher größere Konflikte vermieden.

Mich erleichtert es ungeheuer, das auszusprechen, was ich als belastend, störend oder befremdlich empfinde. Mir hilft der Zuspruch meines Mannes, der Trost einer Freundin.

Beim Aus-fegen, Aus-packen, Aus-gießen, Aus-nehmen wird etwas entfernt oder beseitigt. Aus-sprechen kann die gleiche Bedeutung besitzen. Indem ich aus-spreche, was mich bedrückt, befreie und entlaste ich mich von diesem Druck. „Sich etwas von der Seele reden", das gibt es wirklich. Oder haben Sie nie die wohltuende Wirkung eines Gespräches erfahren?

Manchmal ist es natürlich schwer, den richtigen Gesprächspartner zu finden. Dann bietet sich eine Möglichkeit an, die schon vielen Menschen geholfen hat, durch Gespräche Klarheit über sich und ihre Situation zu erlangen: die Teilnahme an Gesprächsgruppen.

Über Sinn und Unsinn von Gesprächsgruppen wird viel geredet und geschrieben.

Waren Sie schon einmal Mitglied einer Gesprächsgruppe?

Sagen Sie nicht voreilig „nein", denn an Gesprächsgruppen ist ein Mensch normalerweise dauernd beteiligt. Am Mittags- und Abendbrottisch der Familie, beim Kaffeeklatsch, am Arbeits-

platz oder beim eiligen Schwätzchen an der Bushaltestelle – überall, wo Menschen zusammenkommen und miteinander reden, bestehen Gesprächsgruppen.
Eine andere Frage ist, ob das, worüber in diesen Gruppen gesprochen wird, für alle Beteiligten interessant ist. Ist das Gespräch vielleicht eher ein Monolog, in dem der höflichere Mensch, ohne selbst zum Zuge zu kommen, in die Rolle des Zuhörers gedrängt wird?
Oder sagt jeder wirklich seine Meinung, bleibt nicht aus Höflichkeit, Zurückhaltung, Angst, sich selbst oder andere zu verletzen, viel Wichtiges unausgesprochen?
Ich erinnere mich an einen Abend bei Bekannten, einen Gipfel an gepflegter Oberflächlichkeit. Die Gespräche kreisten um längst bekannte Reiseerlebnisse, Autoreports, den Niedergang der deutschen Wertarbeit und Evchens neue Streiche. Wenn man wenigstens hätte lachen können!
Während ich höflich nickte, meine Müdigkeit mit Salzstangen bekämpfte, nichts sehnlicher herbeiwünschte als das Ende dieses trostlosen Beisammenseins, fragte ich mich, ob es wirklich keine interessanteren Themen gäbe. Beruflich steckten fast alle der Versammelten in tiefem Ärger. Niemand wagte aber, richtig loszuschimpfen, zu fragen, wie die anderen ihren Ärger bewältigen. Die lahme Harmonie des Abends wurde nicht durch Alltagsprobleme gestört.
Eine der anwesenden Frauen war gerade von dem Verdacht, Krebs zu haben, erlöst worden.
„Wie schön für Sie."
„Da gratulieren wir aber!"
„Ich sag's ja immer, daß Unkraut nicht vergeht."
„Auch mal eine gute Nachricht in dieser bösen Zeit. Auf Ihre Gesundheit!"
Die zaghafte Frage: „Wie haben Sie die Zeit der Ungewißheit überstanden?" wurde umwerfend klar beantwortet: „So was übersteht man eben."
War die Frage zu indiskret?
Gehört es immer noch zum guten Ton, alles Persönliche in einer Unterhaltung zu vermeiden?
Als wir um zwei Uhr nach Mitternacht endlich gehen durften,

strahlte der Gastgeber vor Wonne. Beruf, Krankheit und andere unerfreuliche Dinge waren unter seiner Gastgeberschaft nicht zur Sprache gekommen. Ein gelungener Abend, nicht wahr?
Ich weiß nicht, ob solche Veranstaltungen für deutsche Wohnstuben typisch sind. In vielen Familien gilt es als ungehörig, persönliche Probleme vor anderen Menschen auszubreiten. Wenn es sich dabei um Fremde handelt, ist dieses Verhalten verständlich. Ob man unter Freunden oder Familienangehörigen auch so verfährt, muß wohl jeder für sich selbst entscheiden.
Wichtig ist aber, sich klarzumachen, daß heute niemand mit seinen Problemen allein in der Welt zu stehen braucht. Wer in seiner Familie oder im Freundeskreis vergeblich nach verständnisvollen Gesprächspartnern sucht, sollte sich einmal das Kursangebot von Volkshochschulen, kirchlichen Organisationen oder Vereinen anschauen. Dort gibt es Gesprächskreise für alle möglichen persönlichen Probleme. An manchen Orten bestehen auch Gesprächsgruppen für Frauen in den Wechseljahren.
Ist es empfehlenswert, sich einer derartigen Gesprächsgruppe anzuschließen?
Ich rate jeder Frau zur Teilnahme, wenn körperliche oder psychische Probleme sie drücken.
Man ist in der Gesprächsgruppe mit Menschen zusammen, deren Interesse an der Thematik so groß ist, daß sie bereit sind, einen Teil ihrer Freizeit und die Kursgebühren zu opfern. Im allgemeinen ist derjenige, der sich zu einem Kurs anmeldet, auch gesprächsbereit. Er wird also von sich, seinen Erfahrungen, seinen Schwierigkeiten berichten.
Die Teilnahme an solchen Gesprächsgruppen ist in vielerlei Hinsicht nützlich. Man lernt die Probleme anderer Frauen kennen und erhält damit einen Vergleichsmaßstab für die eigenen Schwierigkeiten. Man kann selbst unbefangen reden, ohne Hemmung oder Angst, die Zuhörer zu langweilen.
Für viele Frauen ist es eine große Erleichterung, Dinge endlich frei äußern zu können, mit denen sie sich wochen- oder monatelang innerlich herumschlugen, die auszusprechen sie aus den unterschiedlichsten Gründen sonst nicht wagen.
Die Beschäftigung mit den Aussagen der anderen Kursteilnehmer lenkt oft positiv von den eigenen Problemen ab. Außerdem

kann man Ratschläge sammeln, wertvolle oder weniger nützliche, aber vielleicht ist etwas dabei, was gerade in der eigenen Situation großartig hilft.
Die Teilnahme ist auch Frauen zu empfehlen, deren einzige Schwierigkeit darin besteht, sich überflüssig, zuviel alleingelassen, nicht ganz zufrieden zu fühlen.
Die Meinung, daß in einer Gesprächsgruppe jeder Teilnehmer zur Ausbreitung seines Innenlebens gezwungen wird, ist falsch. Gesprächsgruppen über das Klimakterium sind keine Gruppen zur Psychoanalyse. Jeder sagt natürlich nur, was er sagen will.
Ich nahm vor einigen Jahren an zwei aufeinanderfolgenden Gesprächskreisen unter dem Thema „Sich selber besser kennen – den anderen besser verstehen" teil.
Es waren nicht nur interessante, es waren auch gemütliche und fröhliche Abende. Zwölf bis fünfzehn nette Menschen mit den unterschiedlichsten Berufen saßen bei Tee und Gebäck zusammen, beschäftigten sich ernsthaft mit Spielen zur Selbsterkenntnis, sprachen über ihre Schwierigkeiten im Umgang mit anderen Menschen. Hier erfuhr ich sehr beeindruckend, daß mein Problem – nämlich „nicht nein sagen zu können" – weit verbreitet ist. Die Überlegungen und Übungen zur Stärkung der persönlichen Durchsetzungskraft waren, zumindest bei mir, nicht ganz vergeblich.
Einige der Teilnehmer dieser Gruppe blieben nach Beendigung der Kurse in freundschaftlichem Kontakt. Ein weiterer Pluspunkt für die Teilnahme an Gesprächskreisen ist also, daß man vielleicht neue Freunde findet.
Es gibt Menschen, denen es außerordentlich schwerfällt, über ihre Probleme zu sprechen. Vielleicht finden sie nicht die geeigneten Gesprächspartner? Verständnisbereite und vertrauenswürdige Menschen fehlen häufig, die Möglichkeit, sich einer Gesprächsgruppe anzuschließen, ist nicht uberall gegeben.
Männer eignen sich nicht immer als Gesprächspartner. Mit ihnen kann man über alle möglichen Sachverhalte zwar gut diskutieren, aber bestimmte psychische und physische Erfahrungen von Frauen stellen für Männer Tatsachen dar und keine Probleme, über die lange zu reden sich lohnt.

Schreiben Sie Tagebuch

Sind Frauen, denen die innere Gelöstheit zum Gedankenaustausch, die notwendige Zeit und Ruhe oder die gesprächsbereite Umwelt fehlt, zum Schweigen verurteilt?
Nein, denn für sie gibt es eine ausgezeichnete Möglichkeit, sich mit ihrer Situation auseinanderzusetzen, sich von zu starkem seelischen Druck zu befreien. Allen Frauen, die eine psychische Entlastung im Gespräch nicht finden können, rate ich: „Schreiben Sie Tagebuch."
Weisen Sie diesen Vorschlag nicht von vornherein zurück, probieren Sie erst, ob Ihnen das Aufschreiben von Gedanken, Erlebnissen, Ereignissen tatsächlich keine Entlastung bringt.
Was könnte Sie am Schreiben hindern?
Vielleicht die Annahme, daß Sie Ihre Gedanken nur unzureichend formulieren können? Das sollte Sie nicht abhalten. Sie schreiben für sich, niemand braucht Ihr Tagebuch zu lesen, Kritiker haben Sie nicht, und Sie selber wissen genau, wie das gemeint ist, was Sie schreiben.
Befürchten Sie, daß Unbefugte Ihre Aufzeichnungen lesen?
Ein verschließbares Plätzchen werden Sie doch in der Wohnung finden, und wenn es eine kleine Geldkassette ist, deren Schlüssel nur Sie besitzen.
Haben Sie Angst vor möglichen Spöttereien Ihrer Familie?
Wenn Sie Ihren Angehörigen nicht klarmachen können und wollen, warum Sie schreiben, führen Sie Ihr Tagebuch, wenn Sie allein sind. Ich lernte neulich im Café eine Frau kennen, die sich einmal in der Woche hierher zurückzieht und schreibt. „Meine Familie glaubt, ich kaufe ein", lachte sie. „Die wundern sich nicht einmal, wie wenig ich in den drei Stunden kaufe."
Zeitmangel dürfte Sie nicht vom Schreiben abhalten. Ein bis zwei Stunden in der Woche finden Sie bestimmt zur Beschäftigung mit sich selbst.
Manchmal reichen schon wenige Sätze, um die eigene Situation zu kennzeichnen oder Erlebnisse festzuhalten.
Als Beispiel hierfür vier Zeilen aus dem Tagebuch, das ich ganz unregelmäßig führe.
„19. 12. Wunderbar ruhiger und friedlicher Samstag, zweiein-

halb Stunden Spaziergang am tiefverschneiten Auersberg. Zu Hause Tee, Kerzen, Musik, Kokeltannen. Fr. liest Pinto vor. Ich fühle mich unwahrscheinlich wohl und freue mich auf Weihnachten."

Für Fremde ist dies eine vollkommen uninteressante Mitteilung, jedoch nicht für mich. Beim Lesen der Zeilen wird dieser Nachmittag wieder lebendig, und die Tatsache, daß mein Leben nicht nur aus Arbeit und trüben Tagen bestand, kann jederzeit zur Aufmunterung herangezogen werden.

Sehr hilfreich können Aufzeichnungen bei der Auseinandersetzung mit der eigenen oder einer fremden Person sein. Stellen Sie sich Fragen, die Sie so ehrlich und umfassend wie möglich beantworten. Haben Sie sich schon einmal gefragt:

- Was macht mein Leben lebenswert?
- Was möchte ich in meinem Leben ändern?
- Warum möchte ich etwas ändern?
- Welche meiner Eigenschaften finde ich gut?
- Welche meiner Eigenschaften gefallen mir nicht?
- Haben sich die Pläne und Wünsche meiner Jugendzeit erfüllt?
- Wie habe ich mich gegenüber früher verändert?
- Unter welchen Beschwerden leide ich in letzter Zeit?
- Welche Sorgen belasten mich besonders?
- Was könnte ich unternehmen, um meine Sorgen zu verringern?

Dies sind nur einige Fragen, die Sie zur Auseinandersetzung mit sich selbst anregen könnten.

Die Aufzeichnungen machen es möglich, zu verfolgen, wie sich Ihre Ansichten und Ihr Leben entwickeln. Das kann sehr wichtig für Ihre Zufriedenheit sein, kann aber ebenso die Entscheidung für bedeutsame Veränderungen beeinflussen.

Zum Schluß dieses Kapitels möchte ich Ihnen noch von einer eigenen positiven Erfahrung mit Gesprächen und etwas täglicher Buchführung berichten.

Ich war etwa 45 Jahre, als ich eine Phase tiefster Unzufriedenheit durchlebte. Ich befürchtete, total inaktiv zu werden, sah meine Leistungsfähigkeit und Schaffensfreude schwinden. Die Zeit zerrann mir in den Händen, ich litt ständig unter der Vorstellung, notwendige Arbeiten nicht mehr erledigen zu können, mein Interesse und meine Begeisterungsfähigkeit zu verlieren. Ich arbeitete viel und schaffte nichts, das war jedenfalls meine Meinung.

Ein Kollege – ein unkomplizierter Junggeselle mittleren Alters –, dem ich von meiner Unzufriedenheit erzählte, hatte die richtigen Worte für mich: „Sie spinnen ganz schön. Gucken Sie sich mal die Männer hier an, was *die* leisten, leisten *Sie* auch. Aber wenn die nach der Arbeit heimkommen, steht das Essen auf dem Tisch, zack-zack. Die waschen sich Hemdchen und Höschen nicht selbst wie sie, Frau Kollegin. Wenn Sie außer Ihrer Arbeit und Ihrem Haushalt noch mehr leisten wollen, sind Sie reif für den Psychiater."

Er hatte vollkommen recht, warum war ich nicht von allein darauf gekommen? Allerdings wußte er nicht, was ich früher neben meinem Beruf gehäkelt, geschneidert, gegärtnert und gelesen hatte.

Ich beschloß, aufzuschreiben, womit ich meine Zeit verbringe, was ich neben meinem Beruf noch leiste. Auf ein DIN-A4-Blatt schrieb ich mir zum Trost: „Du hast deinen Beruf, mehr brauchst du nicht zu leisten!" Darunter reihten sich in chronologischer Folge alle zeitaufwendigen Tätigkeiten, die meine freien Stunden fraßen.

„Wo ist meine Zeit geblieben?" das konnte ich nun ziemlich genau nachlesen.

Es dauerte nicht länger als vier Wochen, bis mir klar war, daß meine Selbstvorwürfe und meine Ängste jeder realen Grundlage entbehrten. Ich fand mich noch ausreichend aktiv und leistungsfähig und stellte fest, daß meine Unzufriedenheit mit mir selbst vollkommen unberechtigt ist.

Sich gehen lassen,
ja oder nein?

Am 4. Dezember stehe ich in Kassel frierend auf dem Bahnsteig, umgeben von grauen, erstarrten Gesichtern, die im fahlen Neonlicht wie ich auf die erlösende Wärme ihres Zuges warten.
Eine fremde, ganz und gar unwirkliche und entmenschlichte Welt, beherrscht von Maschinen.
Meine Blicke haften an der einzigen hellen Erscheinung hier, einer Frau, deren Gesicht unter dem flauschigen weißen Hut nicht zu erkennen ist. Sie steht da in ihrem beigefarbenen Mantel, lacht und erzählt mit lockeren, leichten Bewegungen. „Beneidenswert", denke ich, „die Frau scheint nicht zu frieren, Schmutz, Krach, eisiger Wind existieren wohl nicht für sie." Und: „Aus welchem warmen, gut gepolsterten Nest ist sie in diesen trüben Abend gefallen?"
Durch Zufall sitze ich später im gleichen Abteil mit dieser Frau. Jetzt habe ich Gelegenheit, ihr Gesicht zu betrachten. Es zeigt die natürlichen Spuren von etwa 50 Lebensjahren. Da sind die Falten nicht mit Make-up zugekleistert, eine Warze am Kinn ist nicht unter Puder vergraben, und die Haare sehen so aus wie bei den meisten Menschen dieses Alters, mehr grau als braun. Die Augen hinter großen Brillengläsern blicken aufmerksam und freundlich, der Mund scheint gerne zu lachen.
Heiter ist dieses Gesicht, ohne Bitterkeit, ohne Angst, ruhig und gelassen.
Ein wohltuender Anblick auch die übrige Erscheinung. Es ist nicht die müde Eleganz teurer Schneiderkostüme, nicht der kettenklirrende Chic im Stil von Chanel, der den Blick auf meine Reisegefährtin lenkt. Das naturfarbene Kleid würde in einem Schaufenster höchstens durch seine Schlichtheit auffallen. Aber die farbliche Übereinstimmung zwischen Kleid, Halstuch und

Schmuck – eine Möwe im Flug – ist so selbstverständlich schön, daß ich immer wieder hinschauen muß, um mich zu vergewissern, ob da wirklich kein Gold glänzt, oder Perlen schimmern. Diese Frau, deren Jugend weit in der Vergangenheit liegt, ist keine Schönheit. Sie ist nicht mit den Attributen des Reichtums behängt. Aber sie wirkt so natürlich, harmonisch und elegant, daß ich nicht anders kann, als mir zu wünschen: „So möchtest du auch aussehen. Wenigstens dreimal im Jahr."
Genau 45 Minuten unterhalten wir uns, dann muß ich leider aussteigen. In diesen 45 Minuten erfahre ich so viel von praktischer Lebensbewältigung, daß ich nicht anders kann, als hier darüber zu berichten.
Statt aus dem behaglichen, gutbürgerlichen Nest kommt meine Reisebekanntschaft aus der Kommune, in der ihre Tochter lebt. „Ich könnte nicht so leben, so farb- und lieblos, so ungepflegt und brutal", sagt sie.
„Ich besuche das Kind, verberge meine Traurigkeit und habe wenig Hoffnung, daß sie merkt, was ich eigentlich von ihr will."
„Und was wollen Sie?"
„So gut wie nichts. Ich möchte nur, daß sie weiß, ich bin immer für sie da. Ich versuche, ihr das zu sagen, zu zeigen. Ich kritisiere sie nicht, akzeptiere ihre Freunde, trinke Tee aus ungespülten Bechern und befürchte, sie versteht mich überhaupt nicht. Das macht mich traurig."
„Und ich nahm an, Ihre Welt ist eine heile Welt."
„Wie kommen Sie darauf?"
„Sie sehen so heiter aus, so, als ob Sie keine Sorgen kennten."
Sie lacht, und jetzt ist doch etwas Bitterkeit in ihren Zügen. „Soll ich mir mein Leben verderben, weil meine Kinder anders wurden, als ich wünschte?
Mein Sohn studierte Jura, neun Semester, vom Staat bezahlt. Das Examen war ihm zu schwer, er ging nach Griechenland, dort lebt er als Hirte.
Nein, ich kann mich nicht gegen mein Schicksal stemmen. Soll ich verzweifeln, jammern, mich gehen lassen? Wem wäre damit geholfen? Niemand, nicht wahr? Ich bin gerne fröhlich, und es ist wichtig für mich, fröhlich zu bleiben. Schließlich bin ich für mein Wohlbefinden verantwortlich."

Sie erzählt, daß ihr Mann vor sechs Jahren starb, in einer Zeit, als es ihr körperlich sehr schlecht ging.
Der Tod des Mannes, die gestörte Gesundheit, Auseinandersetzungen mit den Kindern, finanzielle Probleme, Wohnungswechsel brachten sie so weit, nicht mehr weiterleben zu wollen.
„Bei meinem fast letzten Blick in den Spiegel", sagt sie und lacht jetzt ohne Bitterkeit, „erkannte ich schlagartig, wie dumm ich war. Ich erkannte, wie gut es mir geht. Ich bin gesund, die Kinder sind gesund. Ich habe so viel Geld, daß ich davon leben kann. Ich habe Zeit und kann frei über meine Zeit verfügen. Wer kann das heute noch? Und ich habe Hände, die zupacken, vielleicht irgendwo helfen können.
Innerhalb weniger Stunden änderte sich mein Leben. Ich wurde ein freier Mensch, eine Egoistin vielleicht, aber das sind wir doch alle, oder nicht? Meine Tochter in ihrer Kommune, mein Sohn, der Hirte, sie wollen alle nur das eine: sich selbst verwirklichen. Das möchte ich jetzt auch ein bißchen."
Der Zug rattert durch die Dunkelheit. Übermorgen ist der zweite Advent. Elektrisch beleuchtete Weihnachtsbäume auf einem Dorfbahnhof, der Zug hält hier nicht.
„Mein Weihnachten im vorigen Jahr, ich will Ihnen das schildern. Vielleicht war es ein bißchen Selbstverwirklichung? Mein Sohn wollte kommen. Ich schrieb ihm, wie ich mich freue und daß ich alles wie früher machen werde. Antwort bekam ich nicht aus Griechenland.
Ich kramte in alten Backrezepten und buk die Plätzchen, die 25 Jahre bei uns zu Weihnachten gehörten. Ich schmückte eine Tanne wie früher, und ich war so froh und fröhlich und zufrieden, obwohl ich nicht wußte, ob mein Sohn kommt.
Eines wußte ich allerdings genau, meine Weihnachtsfreude würde ich mir nicht zerstören lassen durch ihn.
Seine ersten Worte an der Haustüre waren: ‚Gut riecht es hier, Mutti, wie früher.'
Unter dem Weihnachtsbaum haben wir gesungen, nur wir zwei, alle Weihnachtslieder, alle Strophen, wie früher.
Natürlich mußte ich heulen.
Und dann haben wir gelacht, so fröhlich und ausgelassen wie Kinder."

Der Zug rattert weiter durch die Dunkelheit. In drei Wochen ist Weihnachten. Ob sie wieder singen werden, die beiden? Ich hätte nicht den Mut zu sagen: „Komm, Kind, auch wenn du 28 Jahre alt bist, singe mit mir wie früher."
Sich selbst verwirklichen, wenn das so einfach ginge. „Wissen Sie, was ich festgestellt habe?" fragt die Frau.
Ich weiß es nicht.
„Es ist oft leichter, das zu tun, was andere von uns erwarten, als so zu handeln, wie man es selbst für richtig hält.
Sich gehen zu lassen, zu klagen und zu stöhnen über das, was einem so täglich passiert, ist nicht schwer. Viel mehr Kraft kostet es, das zu tun, wozu man sich allem Gewohnten zum Trotz innerlich gedrängt fühlt."
„Und Sie schaffen das?"
„Nicht immer, aber oft."
„Haben Sie ein bestimmtes Rezept?"
„Nein, eigentlich nicht. Ich bemühe mich, nicht bequem zu werden, mich nicht gehen zu lassen. Ich versuche einfach, das Beste aus dem zu machen, was ich noch habe."

Sich nicht gehen lassen!
Lasse ich mich gehen, wenn ich über Migräne stöhne, wenn ich heißhungrig den Pudding schon vor der Mahlzeit verschlinge, wenn ich mir Ärger oder Wut hemmungslos von der Seele schimpfe?
Ich kann meine Reisegefährtin nicht danach fragen. Ich sitze an meiner Schreibmaschine und denke darüber nach, was sie wohl damit meint: sich nicht gehen lassen.
„Die läßt sich aber gehen", ist eine negative Aussage über eine Frau, die ihre Gefühle hemmungslos auslebt.
Jemand, der sich gehen läßt, tut das, was ihm Gefühl oder Verstand gerade eingeben, ohne Rücksicht auf andere Menschen und bestimmte Regeln des Zusammenlebens.
Ein Mensch läßt sich gehen, wenn er mit ungepflegtem Zottelhaar, verschmutzt und verschlampert in der Öffentlichkeit erscheint. In unserer Kultur gelten Sauberkeit und ein bestimmtes Maß an Ordnung als allgemein anerkannte Werte.
Ein Mensch läßt sich gehen, wenn er Freude, Trauer, Wut,

Schmerz oder ähnliche Gefühle zu laut, zu lange und am falschen Platz äußert. Von einem erwachsenen Menschen verlangt man in unserem Kulturkreis, daß er seine Gefühle einigermaßen beherrscht. Wer das nicht kann oder will, wer in Wut oder Jähzorn einem anderen Schaden zufügt, muß damit rechnen, bestraft zu werden.
„Laß dich nicht gehen", sagt man auch zu Menschen, die geringe körperliche Beschwerden überbewerten, jammern, Mitleid und Betreuung fordern.
Es ist eine Tatsache, daß im mittleren Lebensalter Frauen häufiger als Männer dazu neigen, sich gehen zu lassen. Körperliche Störungen, psychische Belastungen, Veränderungen in der Umwelt treffen Frauen in diesem Alter stärker als Männer.
Wer die Frage „Wozu bin ich noch zu gebrauchen, welchen Sinn hat mein Leben noch?" nicht beantworten mag oder beantworten kann, neigt oft dazu, sich gehen zu lassen.
In der Öffentlichkeit bemerkt man sie kaum, diese mutlosen, oft verzweifelten Frauen, die nicht mehr aufhören können über ihr Befinden, ihre Arbeit, ihre Mitmenschen zu klagen, die ihren Körper, ihren Geist, ihre Kleidung vernachlässigen.
Am tragischsten ist es, wenn ein Mensch die Kontrolle über sich so weit verliert, daß er zum Alkoholiker wird.

Wie sollte man die Lebensregel „Werde nicht bequem, lasse dich nicht gehen" verstehen?
Ganz schlicht und hausbacken, vermute ich.
Fast jeder Mensch kennt seine Schwachpunkte, die Situationen, in denen er seinem Verstand und seiner Einsicht zum Trotz sagt: „Ach, laß man."
Die Bequemlichkeit triumphiert und lacht sich eins ins faule Fäustchen.
Daran ist auch gar nichts auszusetzen, wenn „Laß-man" sich wohlfühlt und ohne schlechtes Gewissen oder Katzenjammer seine Bequemlichkeit so richtig genießt. Störend ist, wenn das, was aufgeschoben oder unterlassen wurde, irgendwo in einem sitzt und bohrt: „Morgen mußt du aber endgültig..., hättest du bloß regelmäßig..., nein, wie furchtbar faul du wieder bist."
Kennen Sie diese Situation?

Das zweite Stück Torte, das Sie eigentlich nicht essen wollten, der Spaziergang, der unter dem Vorwand unterbleibt, morgen dafür zwei Stunden zu laufen.
„Der Geist ist willig, doch mein Fleisch ist schwach!“
Denken Sie einmal nach, in welchen Situationen Ihnen dieses etwas abgewandelte Sprichwort in den Sinn kommt.
Meine Liste der „Laß-man“-Verlockungen ist lang. Hier nur ein bescheidener Auszug.
Morgens, Frühgymnastik, drei Übungen nur – „Laß man, schlaf noch fünf Minuten, die Übungen holst du heute abend nach.“
Am Mittagstisch, die Entscheidung für einen oder keinen Nachschlag – „Laß man, Gemüse und Kartoffeln sind gesund.“
Zwei Briefe sind unbedingt und möglichst schnell zu beantworten – „Laß man, warte bis Sonntag, da hast du viel mehr Zeit zum Schreiben.“
Nur wenigen Menschen gelingt es, konsequent zu tun, was ihr williger Geist verlangt. Soll man sie darum beneiden?
Ich möchte nicht unbedingt zu diesen Pflichten- und Willensakrobaten gehören, aber auf keinen Fall zu den unzuverlässigen, bequemen „Laß-mans“. Ich suche einen Mittelweg, der meinen Willen nicht zu sehr strapaziert und mir körperliches und geistiges Wohlbefinden verschafft.
Diesen Mittelweg empfehle ich jeder Frau, die das Klimakterium erreicht. Wer das Gefühl hat, mit Pflichten überhäuft zu sein, sich überfordert fühlt, sollte sich das Recht nehmen, zu überprüfen, inwieweit diese Pflichten notwendig sind.
Wer spürt, daß die körperliche Leistungsfähigkeit nachläßt, sollte seinem Körper guten Gewissens mehr Ruhe und Entspannung gönnen.
Jede Frau sollte sich aber auch vollkommen klar darüber sein, wie wichtig geistige und körperliche Aktivität für die Überwindung persönlicher Schwierigkeiten ist. Sie muß unbedingt erkennen, daß die Aktivitäten eine günstige Voraussetzung für ein erfülltes und zufriedenes Leben im Alter sind.
Wer zwischen dem 45. und 55. Lebensjahr versäumt, seine körperliche und geistige Aktivität zu erhalten und zu pflegen, möglicherweise neu zu beleben, hat häufig im Alter nicht mehr die Kraft, diese Arbeit an sich zu leisten.

„Werde nicht bequem, lasse dich nicht gehen“ meint, sich stark zu machen gegen die „Laß-mans“, die wir als Gefahr für unsere körperliche und geistige Aktivität erkannt haben.
Werden Sie sich klar darüber, was Ihnen wirklich wichtig ist für Ihr weiteres Leben!

- Möchten Sie gerne jünger aussehen, als Sie tatsächlich sind?
- Ist es Ihnen egal, wie Ihre Umwelt Ihr Äußeres beurteilt?
- Haben Sie ein Vorbild, dem Sie nacheifern?
- Ist das Wohlergehen Ihrer Familie der Mittelpunkt Ihres Lebens?
- Brauchen Sie Kontakt zur Natur, um fröhlich und ausgeglichen zu sein?
- Womit beschäftigen Sie sich besonders gern?
- Gibt es etwas, was Sie gerne lernen würden?
- Ist es wichtig für Sie, noch eine Aufgabe erfüllen zu können?
- Haben Sie berufliche Ziele?
- Möchten Sie aktiv zur Verwirklichung einer Idee beitragen?
- Legen Sie Wert auf einen großen Bekanntenkreis?
- Wie steht es mit Ihren kulturellen und politischen Interessen?
- Sind Sie der Meinung, daß jeder Mensch verpflichtet ist, seine Kräfte in den Dienst der Allgemeinheit zu stellen?
- Wodurch erholen Sie sich am schnellsten von großen Strapazen?

Es gibt noch eine Unzahl von Fragen, die Sie stellen können, um Klarheit darüber zu bekommen, was wirllich wichtig für Sie im Leben ist. Dabei spielt es überhaupt keine Rolle, ob etwas, was heute wichtig ist, irgendwann zur Nebensache wird.
Ich komme wieder darauf zurück: Nicht bequem werden, sich nicht gehen lassen!
Wenn Sie herausgefunden haben, was für Sie wirklich wichtig ist, fällt es Ihnen leichter, sich in diesen Bereichen nicht gehen zu lassen, nicht bequem zu werden.
Ich möchte Ihnen das an einem Beispiel verdeutlichen.
Für mich ist es im Moment wichtig, dieses Buch fertig zu schreiben. Es gibt aber Tage, an denen ich einfach keine Lust habe, am Schreibtisch zu sitzen. „Laß man“, lockt meine Bequemlichkeit, „schreibe heute nicht, warum sollst du dich zwingen. Gehe spazieren, oder gehe in die Stadt, kaufe dir was Schönes. Lies das an-

gefangene Buch zu Ende, stricke weiter an dem Pullover für F. Fernsehen könntest du auch mal wieder, es gibt einen Film mit der Schell, na, wie wär's?" Soll ich mein Vorhaben, jeden Tag eine Seite zu schreiben, fallenlassen?

Ich rede Klartext mit mir: „Fauler Mensch, los, ran an die Schreibmaschine, verlottere nicht. Führe aus, was du dir vorgenommen hast. Kopfschmerzen zählen nicht als Entschuldigung. Faulheit steckt dahinter, Bequemlichkeit, sonst nichts. Los, hole dein Papier."

Der Spaziergang, der eigentlich auch zu meinem Mindestprogramm gehört, wird manchmal großzügig gestrichen, wenn an seine Stelle eine andere Notwendigkeit tritt.

Ich bin bereit, bequem zu werden in Dingen, die im Moment nicht sehr bedeutsam sind. Ich vermeide dagegen Bequemlichkeit in Bereichen, die sehr wichtig für mich sind.

Ein anderes Beispiel:

Mein Kreislauf ist träge. Ich brauche täglich Bewegung, um in Schwung zu kommen. Ganz wichtig für mein körperliches Wohlbefinden ist deshalb Gymnastik. Mit einer Sturheit, die ich manchmal selbst bestaune, zwinge ich mich täglich zu bestimmten Übungen. Auch nach Mitternacht und todmüde von geselligen Ereignissen, rolle ich mich doch noch schnell rückwärts und in die Kerze.

Nicht so wichtig ist für mich das Idealgewicht. Ich würde es nur unter großen Qualen erreichen, wie mehrere Versuche zeigten. Lohnt sich das? Ich erlaube mir ganz bewußt, mich beim Essen manchmal gehen zu lassen. Ein Stück Apfelkuchen schmeckt mit Sahne unvergleichlich besser als ohne, oder nicht?

Ich hoffe, daß es mir gelungen ist, Ihnen zu verdeutlichen, worauf es ankommt:

- Es gibt Bereiche, in denen Sie auf keinen Fall Ihrer Trägheit und Bequemlichkeit nachgeben sollten.
- Es gibt aber auch Bereiche, in denen Sie sich guten Gewissens gehen lassen können oder gehen lassen sollen.

In welchen Dingen das eine oder das andere Verfahren anzuwenden ist, können nur Sie selbst entscheiden. Es hängt immer davon ab, was wichtig für Sie ist, wichtig für den heutigen Tag und wichtig für die Zukunft.

Jede Frau sollte jedoch unbedingt vermeiden, in drei Bereichen bequem zu werden.

1. Werden Sie nicht bequem auf dem Gebiet der Gesundheit. Sie müssen erkennen, was besonders gut für Ihre Gesundheit, Ihr körperliches Wohlbefinden ist, und sich bemühen, bestimmte, als wirksam erkannte Verhaltensweisen beizubehalten.

2. Werden Sie nicht bequem, wenn es um Ihre geistigen Aktivitäten geht. Sie müssen herausfinden, womit Sie Ihre Gedanken, Ihre Vorstellungskraft, Ihre Phantasie sinnvoll beschäftigen können, was Sie wissen oder lernen möchten. Und das, wofür Sie sich entschieden haben, sollten Sie möglichst regelmäßig betreiben.

3. Werden Sie nicht bequem, wenn es um Ihre Beziehungen zu anderen Menschen geht. Jeder Mensch, der nicht vereinsamen will, braucht den Kontakt zu anderen Menschen. Bemühen Sie sich, Verbindungen herzustellen oder aufrechtzuerhalten, auch wenn es manchmal anstrengend scheint.

Jeder von uns weiß, daß die besten Vorsätze nutzlos sind, wenn man sie nicht einhält, und jeder weiß, wie schwer die Einhaltung guter Vorsätze ist.

Fällt es Ihnen leicht, Ihre guten Vorsätze in die Tat umzuwandeln?

Falls Sie mit „Nein“ antworten sollten, versuchen Sie, ob folgende Tricks für Sie hilfreich sind.

Gestatten Sie sich einen Minimalplan!

Sie haben heute abend absolut keine Zeit und überhaupt keine Lust, Ihre zehn Gymnastikübungen hinter sich zu bringen. Bevor Sie ganz darauf verzichten zu turnen, überlegen Sie, ob Zeit und Lust vielleicht dazu reichen, fünf oder wenigstens drei Übungen durchzuführen. Statt später mit schlechtem Gewissen zu denken: „Du bist wieder ein Opfer deiner Bequemlichkeit geworden“, können Sie stolz auf die Energie sein, mit der Sie trotz widriger Umstände einen Teil Ihres Vorhabens verwirklichten.

Konflikte mit der eigenen Trägheit vermeiden Sie auch, indem Sie von vornherein beschließen, nicht jeden Tag spazierenzugehen, zu turnen, auf Kuchen zu verzichten. Gymnastik machen Sie an fünf Tagen, kuchenfrei sind drei Tage.

Sollten Sie es schaffen, sechsmal in der Woche zu turnen, viermal auf Kuchen zu verzichten, sind das Erfolgserlebnisse, die Ihr Selbstvertrauen durchaus heben können. Statt zum Verlierer werden Sie zum Gewinner gegen sich selbst.
Ganz gefährlich ist es, sich zuviel vorzunehmen.
Bevor Sie sich zu Ihren guten Vorsätzen entschließen, prüfen Sie, ob das, was Sie sich da zumuten wollen, an guten und an schlechten Tagen zu verwirklichen ist. Meist fühlt man sich ausgezeichnet bei dem Beschluß, ab Montag nur noch die Hälfte zu essen. Schlank und elegant hat man sich selbst vor Augen. Spätestens am Montagabend beginnt die große Qual. Entweder kommt man um vor Hunger, oder man ist böse mit sich selbst, weil doch mehr als die gestattete Portion verspeist wurde.
Es ist einfacher, Vorsätze einzuhalten, sich nicht gehen zu lassen, wenn Sie etwas Faulheit und Bequemlichkeit in Ihre Pläne einkalkulieren.
Und wenn Sie es einmal nicht schaffen, Ihre Vorsätze zu verwirklichen, gönnen Sie sich ganz bewußt einen „freien" Tag, eine bequeme Woche. Danach nehmen Sie die Gewohnheiten wieder auf, die notwendig sind, um Sie körperlich und geistig beweglich zu halten.
Das ständige Bemühen, nicht bequem zu werden, sich nicht gehen zu lassen, halte ich für unbedingt notwendig, wenn man das Beste aus dem machen möchte, was man hat.
Betrachten Sie das Kapitel „Rollen Sie bergauf" (S. 209) nicht als Widerspruch, sondern als Ergänzung zu dieser Behauptung.

Gönnen Sie sich etwas

Im Wartezimmer meiner Ärztin sitzen wir zu viert und warten auf den Beginn der Sprechstunde. Wir sind Frauen im Alter zwischen Vierzig und Sechzig.
Drei von uns sehen gesund und fröhlich aus, sind hübsch angezogen und kommen bald miteinander ins Gespräch. Die vierte Frau redet kaum und scheint Sorgen zu haben. Ist sie krank, vielleicht ernsthaft krank?
Nein, ihr geht es bis auf das Übliche in diesem Alter gut. Sie will

nur zur Vorsorgeuntersuchung wie wir anderen auch. Sicher hat sie ein schweres Leben, denke ich. Vielleicht ist der Mann ohne Arbeit, vielleicht steht sie ganz allein, vielleicht hat sie Kummer mit der Familie? Natürlich frage ich nicht danach. Aber die Frau tut mir leid in ihrem viel zu kurzen, viel zu bunten Kleid, mit ihrer ungepflegten Frisur und dem traurigen Gesicht.
Später, als sie im Behandlungszimmer ist, wird über sie gesprochen.
„Das ist die Grete W., die kenne ich gut, ihr Mann ist Meister in der gleichen Werkstatt wie meiner", sagt eine der Frauen. „Der geht es nicht schlecht. Die hat ein Haus und mehr Geld als wir hier alle zusammen. Beide Töchter sind gut verheiratet. Aber die gönnt sich nichts. Die spart und spart und spart. Die trägt die alten Sachen ihrer Schwiegermutter auf."
Ich muß lachen. Das Minikleid dürfte eher von den Töchtern stammen.
Aus der eigenen Verwandtschaft kenne ich Frauen des gleichen Typs. Sie verfügen über ansehnliche Bankkonten, sind gegen Krankheit, Invalidität und Feuer versichert und gönnen sich nur, was unbedingt notwendig ist. Da sie das unbedingt Notwendige sowieso schon haben, gönnen sie sich nichts. Die guterhaltene, grundhäßliche Brille aus dem Jahre 1962 hält nur noch dank Uhu zusammen. Aber eine neue Brille wird nicht gekauft. Die Laken, beste Vorkriegsqualität, sind Musterbeispiele für die Flickkunst der Hausfrau. Schlafen kann man auf den vielen Nähten kaum. Trotzdem: neue Laken wären reiner Luxus. Ein Friseurbesuch ist Geldverschwendung, und die qualitativ hochwertige Kleidung wird aufgetragen. So manches gute Stück ist einfach nicht totzukriegen, hält jahrelang Gartenarbeit und Reinigungsfirmen aus.
Die Aufforderung an eine Cousine, doch etwas hübscher, etwas komfortabler zu leben, sie habe doch die Möglichkeit dazu, prallt wirkungslos ab.
„Hier weiß jeder, daß ich mir mehr leisten könnte. Das genügt."
Wie finden Sie diese Einstellung?
Die meisten Frauen werden zum sparsamen Umgang mit Geld gezwungen, wenn sie eine Wohnung einrichten, wenn sie eine Familie ernähren müssen. Jahre- oder jahrzehntelang schaffen

sie es, mit dem vorhandenen Geld die wichtigsten Bedürfnisse ihrer Familie zu erfüllen. Es könnten immer ein paar Mark mehr in der Kasse sein, gerade die paar Mark, die für den Kauf einer schicken Bluse, einer teuren Creme oder eines aufsehenerregenden Buches notwendig wären.
Wenn die Kinder endlich selber für sich sorgen, wenn der Haushalt komplett ist, haben viele Frauen total vergessen, wie das ist, Geld für sich selber auszugeben. Sie leben weiter wie gewohnt.
Ein Stück Luxusseife, vielleicht hätten sie es gern. Aber der Preis! Unverantwortlich, soviel Geld für Seife auszugeben. Das Geld wird gespart.
Gespart wird an vielem, an dem früher auch gespart werden mußte. Manche Frauen können sich einfach nicht lösen von den erzwungenen Gewohnheiten ihres bisherigen Lebens.
Mit einer anderen Cousine stehe ich vor dem Schaufenster eines Kaufhauses. Sie blickt sehnsüchtig auf ein honigfarbenes Kleid.
„Das Kleid mit dem Faltenrock gefällt mir."
„Das ist auch hübsch", sage ich.
„So was möchte ich mir mal leisten", träumt meine Cousine laut vor sich hin.
„Leiste es dir doch."
Sie schüttelt den Kopf.
„Warum kannst du es nicht kaufen ?"
„Viel zu teuer!"
„Na, hör mal, bei eurem Einkommen müßte das doch zu machen sein."
„Nein, es ist zu teuer."
Ich weiß, daß sie genügend Geld hat, das Kleid zu kaufen. Sie müßte deshalb auf nichts anderes verzichten. Vielleicht könnte sie den drei Enkeln nicht diese sündhaft teuren Skianzüge kaufen, aus denen die im nächsten Jahr schon herausgewachsen sind.
Also bohre ich weiter.
„Das Kleid sieht aus, als wäre es für dich gemacht."
Keine Antwort.
„Probier es mal an."
„Unsinn, ich kann es nicht kaufen."
„Warum nicht?"

„Ich sagte es bereits: zu teuer. Jetzt laß mich in Ruhe.“
„Natürlich, spare dein Geld für die Skianzüge. Die kosten genau 90,- DM mehr als das Kleid.“
„Rede nicht so albern.“
„Wann hast du dir das letzte Mal ein richtig hübsches Kleid gekauft?“
„Ich habe das Blaue. Wenn ich da den Kragen etwas ändere...“
„... sucht sich dein Mann eine neue Frau! Das Blaue macht dich blaß wie Hedchen.“
Wie Hedchen, diese kleine Giftnudel, möchte niemand sein. Ich frage weiter.
„Warum bist du so knauserig dir gegenüber?“
„Ich brauche doch nichts.“
„Aber deine Kinder, die brauchen was, nicht wahr?“
„Ja, die brauchen meine Unterstützung.“
„Klar, zweimal im Jahr verreisen, das kostet ganz schön.“
„Sie müssen sich schließlich erholen.“
„Wo hast du dich eigentlich erholt vor 25 Jahren?“
„Damals war das noch nicht üblich. Jetzt laß mich in Ruhe.“
„Wohin fährst du dieses Jahr zur Erholung?“
„Du weißt genau, daß ich mir das nicht leisten kann. Außerdem fühle ich mich zu Hause am wohlsten.“
Wir kaufen weder Kleid noch Skianzüge. Zum Besuch eines Cafés bringe ich sie mit einer bösen Bemerkung über ihren Geiz. Ich weiß natürlich, daß sie nicht geizig ist. Aber es macht mich verrückt, mitanzusehen, wie sie zugunsten ihrer beiden Kinder auf etwas Farbe und Glanz im eigenen Leben verzichtet.
Müssen Mütter so sein?
Ihre beiden Töchter sind auch Mütter! Sie verzichten nicht, Oma macht es möglich. Sie sagen höchstens mißbilligend: „Mutti sieht heute wieder aus...!“ Oder: „Mutti, du könntest ruhig etwas mehr für dich tun. Du bist doch noch keine alte Frau.“
Mutti könnte etwas für sich tun, wenn sie wollte, und die Kinder würden, genau wie ihre Mutter vor 25 Jahren, aus eigener Kraft ihr Leben bewältigen.

Mir geht es hier nicht darum, Sie zu hemmungslosem Konsum oder zur Geldverschwendung zu ermuntern. Ich möchte aber

gerne diejenigen von Ihnen zum Nachdenken anregen, die – wie meine Cousine – verlernt haben, sich selber etwas zu gönnen. Für Kinder und Enkelkinder ist nichts zu gut, nichts zu teuer. Die eigenen Wünsche werden verdrängt, die Wünsche der anderen erfüllt.
Oder haben Sie keine Wünsche, die mit Geld zu erfüllen sind? Möchten Sie sich nicht auch einmal etwas total Überflüssiges, einen reinen Luxusgegenstand gönnen? Vorausgesetzt, Sie haben das Geld, wer hindert Sie daran, es für sich auszugeben?
Stehen Sie sich selbst im Wege, fühlen Sie sich als Verschwenderin?
Befürchten Sie vielleicht negative Reaktionen Ihrer Familie? Möchten Sie verhindern, daß Ihre Kinder gutmütig grinsen: „Unsere Mutter wird leichtsinnig, wer hätte das gedacht?" Haben Sie Angst vor dem Spott Ihres Mannes?
Männer können sehr lieb sein, aber auf jeden Fall sind sie bequem. Die meisten Männer zwischen 45 und 60 Jahren sind mit ihrer Frau zufrieden, so wie sie ist. „Ich habe mich so an Muttis komischen Dutt gewöhnt. Sie soll ihre Frisur nicht ändern", sagte neulich der Mann meiner anderen Cousine.
Manchmal gelingt es einer Eva ohne Dutt einen reifen Familienvater aus seiner Bequemlichkeit zu scheuchen. Plötzlich sind Locken, Lippenstift und hübsche Kleider der Maßstab für den Wert einer Frau. Muttis Dutt, naja, das ist das letzte.
Und Mutti, die 20 oder 30 Jahre eine bequeme Ehefrau war, die dem Wohl der Familie ihre eigenen Bedürfnisse unterordnete, steht vor dem Spiegel und fragt: „Was habe ich falsch gemacht? Er fand doch nie etwas auszusetzen an mir."

Ich muß noch einmal betonen, daß ich niemanden zum unkontrollierten Geldausgeben überreden möchte.
Aus Erfahrung weiß ich, daß viele Frauen die Erfüllung ganz persönlicher Wünsche zurückstellen, solange Kinder zu versorgen sind.
Und was ist, wenn die Kinder auf eigenen Füßen stehen?
Dann sollte jede Frau aufatmen!
Geschafft, gut geschafft vielleicht, ein schöner, oft sorgenreicher Lebensabschnitt ist Vergangenheit.

Sie sollte aufatmen und sich sagen: „Jetzt komme ich an die Reihe. Ohne schlechtes Gewissen kann ich endlich auch an mich selber denken. Ich bin frei von vielen Verpflichtungen. Einen Teil dieser Freiheit verwende ich nun für mich."

Erinnern Sie sich an die Träume Ihrer Jugend. Was war für Sie, außer der Gründung einer Familie, noch bedeutsam? Wofür fehlte Ihnen in den letzten Jahren immer die Zeit, wofür war nie Geld vorhanden? Jetzt haben Sie mehr Zeit, jetzt haben Sie mehr Geld.

- Gönnen Sie sich Zeit, um das zu unternehmen, wovon Sie jahrelang nur träumen konnten.
- Nehmen Sie sich Zeit zur Körperpflege, Ihr Körper wird es Ihnen danken. Niemand hat Sie zu kritisieren, wenn Sie morgens eine halbe oder eine ganze Stunde im Bad verbringen.
- Nehmen Sie sich Zeit zum Lesen, zum Besuch kultureller Veranstaltungen, zur politischen Information. Endlich können Sie sich in aller Ruhe auf einen Theaterbesuch vorbereiten.
  Sie haben vor allen Dingen auch das Geld, eine Theaterkarte oder ein teures Buch zu bezahlen. Kinderschuhe, Klassenfahrten, Mopedausrüstungen gehören nicht mehr in Ihren Haushaltsplan.
- Leisten Sie sich von Zeit zu Zeit einen kleinen Luxus, erfüllen Sie sich selber einen Wunsch. Es wird Ihnen Freude machen, Ihre Familie gewöhnt sich daran, sie findet Ihr Verhalten wahrscheinlich „echt gut".
  Eine Frau, die Wert auf ein gepflegtes Aussehen legt, die aktiv Anteil an ihrer Umwelt nimmt, hat nicht resigniert. Niemand wird mitleidig zu ihr sagen: „Na, altes Haus, mit dir geht es auch langsam bergab."
  Im Gegenteil! Ihr Aussehen und Ihre Aktivität können Vorbild oder Anregung für andere Frauen sein, den gleichen Weg einzuschlagen.

Auch mit geringen Mitteln ist es möglich, sich bescheidenen Luxus zu leisten.

Ein Beispiel dafür ist Frau C. Von 1952 bis 1954 wohnte ich bei ihr in einer Universitätsstadt der DDR.

Frau C. hatte einmal bessere Tage gesehen. Ihr Mann besaß einen kleinen Betrieb, von dem die Familie vor dem Krieg gut le-

ben konnte. Ein Teil des Betriebes und die Wohnung der Familie C. wurde in den letzten Kriegstagen zerstört. Herr C. starb im Januar 1946 an Typhus.
Als ich 1952 ein Zimmer bei Frau C. mietete, war sie 51 Jahre. Rente bekam sie nicht, da sie sich noch im arbeitsfähigen Alter befand. Ihren Beruf als Kostümbildnerin konnte sie aus gesundheitlichen Gründen nicht mehr ausüben. Sie verpachtete den Rest ihres früheren Betriebes und lebte von den Zinsen. Ihre beiden Kinder studierten und bekamen ein Stipendium.
Frau C. lebte mir zwei Jahre vor, wie man mit wenig Geld ein recht angenehmes Leben führen kann. Sie verstand es, ihr Monatseinkommen, das ungefähr dem staatlich gewährten Stipendium für Studenten entsprach, so einzuteilen, daß immer ein paar Mark für die Erfüllung außergewöhnlicher Wünsche, für den Kauf nicht unbedingt notwendiger Dinge übrigblieben.
Die Wohnung von Frau C. lag in einer hübschen Gegend, war komfortabel und natürlich viel zu teuer für ihr geringes Einkommen. Statt sich eine einfache, preiswerte Wohnung zu suchen, vermietete sie zwei Zimmer. Die Mieteinnahmen gestatteten ihr, fast umsonst in dieser schönen Umgebung zu leben. Kamen ihre Kinder oder Freunde zu Besuch, wurden Klappbetten auf dem Boden hinter einem Vorhang aufgestellt. „Wer da nicht schlafen mag, soll bleiben, wo er ist", sagte Frau C.
Im Winter oder an kühlen Tagen lag sie oft bis Mittag im Bett. Was veranlaßte sie dazu? War sie faul, krank oder lebensmüde? Nichts von allem! Um 8 Uhr kochte sie wie üblich ihren Morgentee, eine besonders reichliche Portion vielleicht. Und dann verschwand sie mit der Zeitung und einem Buch unter dem Arm im Bett.
Sie sparte Heizung – das kam ihren Finanzen zugute.
Sie genoß die entspannende Wirkung des Bettes – das kam ihrer Gesundheit zugute.
Sie las ungestört ein paar Stunden – das kam ihrem Geist zugute.
Und sie genoß diesen Vormittag im Bett. Während andere Leute bei Wind und Wetter aus dem Hause hetzten, zur Arbeit mußten, konnte sie es sich leisten, im Bett zu bleiben.
„Es geht mir noch besser als der Königin von Holland", pflegte sie zu sagen.

Bohnenkaffee war damals in der DDR nur zu Schwarzmarktpreisen aufzutreiben, er war begehrt und wahnsinnig teuer. Am Sonntagmorgen gönnte sich Frau C. regelmäßig eine Tasse Bohnenkaffee. Die Wohnung duftete wie ein Wiener Kaffeehaus, und es war wirklich nur eine Tasse, die in der gemeinsamen Küche nach der Devise „Lieber wenig, aber gut" aufgebrüht wurde. Nach diesem Prinzip wählte sie auch ihre Kleidung aus. Die paar Kleidungsstücke, die sie besaß, waren von ausgezeichneter Qualität und zeitlos elegantem Schnitt. Zu allen Gelegenheiten war sie ausgesprochen gut und immer passend angezogen. Sie kaufte sich die teuersten Schuhe, die damals angeboten wurden.
Verschwendung?
„Nein", sagte sie, „überhaupt nicht."
Stolz betrachtete sie ihre teuren Pumps.
„Die halten viele Jahre, und sie sehen außerordentlich elegant aus, nicht wahr? Billige Schuhe wären spätestens im nächsten Jahr kaputt."
Einmal kam sie mit einem Stück französischer Seife heim. Dem phantastischen Duft entsprach der phantastische Preis. Ich war entsetzt. So konnte man sein bißchen Geld doch nicht rauswerfen.
Frau C. sah das anders.
„Die Seife reicht monatelang. Jeden Morgen werde ich mich an ihrem Duft erfreuen und denken, ich bin eine wohlhabende Frau."
„Lieber wenig, aber gut" galt auch für die Wohnung. Ziemlich fassungslos betrachtete ich eine kleine Kelimbrücke, für die sie ein Drittel ihres Monatseinkommens ausgab.
„Das ist der einzig richtige Tischläufer für mein Zimmer. Ich würde mich täglich ärgern, ihn nicht gekauft zu haben", sagte sie.
Natürlich sah er wunderbar aus auf der matten dunkelbraunen Tischplatte.
Da sie kein Geld für Theaterkarten hatte, ging sie zu den Generalproben. Weil sie kein Geld zum Kauf teurer Geschenke hatte, verschenkte sie kleine, hübsch eingebundene Bücher der Weltliteratur, die damals etwas mehr als eine Mark kosteten. In jedes Buch kam ein besticktes Lesezeichen.
Bei Frau C. sah ich, daß man nicht in Reichtum schwimmen

muß, um sich etwas Luxus zu gönnen. Ich lernte auch, wie wichtig es für die eigene Zufriedenheit sein kann, sich bestimmte Wünsche richtig und vollkommen zu erfüllen.
Lieber wenig, aber gut.

Bücher als Medizin

Ich kann mich noch genau an Weihnachten im Jahre 1977 erinnern. Es begann für mich so freud- und hoffnungslos, so ohne Wärme, mit einer Häufung negativer Ereignisse. Am 20. Dezember teilte uns der Architekt mit, daß wir 25.000.– DM mehr als erwartet für unser Haus zu zahlen haben. Wir bewohnten dafür einen halbfertigen, ungemütlichen Bau; Dreck und Arbeit, wohin man blickte. Ich war vom Streichen, Tapezieren, Möbelveredeln, vom Suchen und Nichtfinden aller möglichen Dinge im Umzugsgut körperlich und nervlich total erledigt.
Nachts konnte ich vor Schweißausbrüchen kaum schlafen.
Der Umgangston in unserer Familie entsprach unserer Stimmung: gereizt, unhöflich, böse.
Am 21. Dezember rammte ich mit meinem Wagen ein anderes Auto. Der Blechschaden hielt sich in Grenzen, dafür ging ein Korb voller Edelgeschirr, das ich auf dem Rücksitz transportierte, zu Bruch.
Daheim lag die Mitteilung, daß meine 79jährige Mutter mit einem zersplitterten Knöchel ins Krankenhaus eingeliefert sei.
Und an irgendeinem Tag vor dem Fest wurde auch noch mein Hund überfahren.
Eine Freundin, 15 Jahre älter als ich und voller Lebenserfahrung, riet: „Lege dich ins Bett, schalte vollkommen ab." Das war gut gemeint, aber abzuschalten hatte ich verlernt in den letzten Monaten. Hektisch rotierte ich im unwohnlichen Haus und war unzufrieden, weil ich nie das schaffte, was ich mir vorgenommen hatte.
Das erste Weihnachtsfest im eigenen Haus – wie wollten wir es genießen. Und jetzt sehnte ich mich verzweifelt in die Ordnung und Enge unserer Zwei-Zimmer-Wohnung zurück.

Meine Freundin erkannte wohl klar, daß ich von meinem ungesunden und ziemlich sinnlosen Tätigkeitswahn erlöst werden mußte. Schließlich schleppte sie eine Tasche voller Bücher an. Ich war empört über die Krimis, Groschenhefte und Liebesromane, die sie auspackte.
„Mit dem Schund soll ich meine kostbare Zeit totschlagen?"
„Koch Tee und fange an zu lesen!"
Während sie die Küche aufräumte, trank ich Tee und las „Das Geheimnis der alten Mamsell."
Es war Medizin, reine Medizin für mich. Meine Sofaecke wurde mit jeder gelesenen Seite gemütlicher. Ungestrichene Türen, kaputte Gardinenstangen, fehlende Lampen, unsortierter Hausrat und die Mäuse, die irgendwo im Hause nagten, und sich nicht fangen ließen, verloren von Minute zu Minute an Bedeutung für mich. Statt zu überlegen, was heute, morgen oder spätestens in dieser Woche zu erledigen war, lebte ich für Stunden in der Welt der alten Mamsell. Alles, was schief war und häßlich, kam wieder ins Lot!
Ich las das Buch in einem Zug durch und schlief in der folgenden Nacht so gut wie lange nicht mehr.
Die Weihnachtsfeiertage verbrachte ich – wie konnte es anders sein – recht behaglich bei leichter und leichtester Lektüre. Meine Probleme versanken vor der durchaus heilen Welt dieser Bücher. Ich hatte kein schlechtes Gewissen mehr, meine Zeit mit literarischen Minderwertigkeiten zu verbringen und rein gar nichts für meine Bildung zu tun. Die Bücher halfen mir über einen gewaltigen Tiefpunkt hinweg, und das ist doch mehr, als viele Erzeugnisse der großen Literatur zu leisten vermögen.
Ich erzähle das hier so ausführlich, weil ich später noch öfter feststellte, wie wohltuend anspruchslose Lektüre in Zeiten körperlicher und geistiger Ermattung wirken kann.
Natürlich lese ich nicht nur unterhaltsame Bücher. Oft beschaftige ich mich in Situationen, in denen ich mit Schwierigkeiten oder Problemen zu kämpfen habe, mit Biographien oder Autobiographien. In aller Ruhe kann ich da, ohne indiskret zu werden, miterleben, wie andere Menschen ihr Leben gestalten, ihre Probleme bewältigen. Die eigenen Sorgen schrumpfen, wenn man die Nöte anderer Menschen kennenlernt.

Es beruhigt und erleichtert manchmal sehr, zu wissen, daß Gedanken und Erfahrungen anderer Menschen den unseren ähnlich sind.
Ich ziehe ein Buch, das mich fesselt, unterhält, vielleicht zum Nachdenken, vielleicht zum Lachen bringt, der Ablenkung und Unterhaltung durch das Fernsehen vor.
Im Gegensatz zum Fernsehen mit seinen fast stündlich wechselnden Sendungen können sich die Gedanken beim Lesen ohne Hektik, nur dem eigenen Rhythmus folgend, entwickeln. Man kann Pausen machen, wann und solange man will, kann beliebig lange bei dem Gegenstand seines Interesses verweilen. Kein nachfolgender Kommentar, Krimi oder Autoreport hindert die freie Entfaltung der Gedanken, das Durchdenken und Zu-Ende-Denken von Problemen.
Selbst ein abgeschlafftes Gehirn reagiert mit Bildern, mit Vorstellungen auf das Gelesene, die Phantasie wird angeregt. Das Lesen des oberflächlichsten Krimis, der seichtesten Liebesgeschichte erfordert immer noch mehr geistige Aktivität als der Blick zur Bildröhre. Und Aktivität, auch wenn sie noch so gering ist, hilft am besten Unlust, Niedergeschlagenheit und Depressionen zu überwinden.
In meinem Bücherregal gibt es eine Ecke, in der Heidi und Nesthäkchen, Colette und die Familie Buchholz, Marlittromane und die Ratsherrnmädel darauf warten, bei Bedarf hervorgezogen zu werden.
Gleich daneben stehen Rücken an Rücken Biographien, Tagebücher und Berichte über Frauenschicksale, zum Beispiel von L. Rinser, M. Wander, E. Castonier, Ch. Wolf, M. Boveri und von vielen anderen.
Was würden Sie in Ihre literarische Hausapotheke stellen?

Rollen Sie bergauf

Zu einer anderen Gruppe gehören jene Bücher – besonders aus den USA –, die Rat und Hilfe zur Bewältigung persönlicher und zwischenmenschlicher Probleme anbieten. Der hilfesuchende Leser braucht nichts weiter zu tun, als die meist einleuchtenden

und richtigen Ratschläge zu befolgen. Mit geradezu verblüffender Schnelligkeit wird er ein schöner, gesunder, fröhlicher und vor allen Dingen erfolgreicher Mensch.
Warum, frage ich mich manchmal, werden diese Bücher nicht allen Schulen als Pflichtlektüre verordnet? Die Wartezimmer der Ärzte würden leer, die Psychiater arbeitslos.
Wie schön, wenn ein Autor verspricht, seine Leser – mit deren Mithilfe natürlich – zu friedlichen und glücklichen Menschen zu machen. Wenn ihm das gelingt, müßte er alle Friedens- und Nobelpreise dieser Erde erhalten.
Leider laufen immer noch so viele mit Problemen beladene, von Sorgen gedrückte Menschen umher, daß man die Wirksamkeit der Bücher oder den Willen der Menschen, glücklich, friedlich und erfolgreich zu werden, anzweifeln muß.
Was haben diese Überlegungen mit den Beschwerden des Klimakteriums zu tun?
Ich möchte damit verdeutlichen, daß alle Ratschläge, alle Rezepte zur Linderung oder Beseitigung der Beschwerden richtig sein können, aber nur dort wirken, wo sie sinnvoll angewendet werden. Und die Schwierigkeit, die oft unüberwindbare Schwierigkeit liegt im Bereich der Verwirklichung all dessen, was uns helfen könnte, geistig und körperlich wieder voll auf die Beine zu kommen.
Es gibt Zustände, und die müssen ihre Ursachen nicht unbedingt im Klimakterium haben, da ist der eigene Willen so gut wie abgestorben. Mit seiner Hilfe etwas erreichen zu wollen, wäre genauso erfolgreich wie der Versuch, ein Auto mit leerem Benzintank in Gang zu bringen. Es rührt sich nicht von der Stelle oder rollt bestenfalls bergab. Bergab, das hört sich negativ an. Aber wenn unser Auto auf dem Weg hinab nicht an einem Baum hängenbleibt, wenn es seine Fahrt auf einer Wiese oder sogar vor einer Tankstelle beendet, ist das doch ganz positiv, nicht wahr? Irgendwann wird der Fahrer selber oder jemand anderer Benzin in den Tank gießen, und mühelos geht es bergauf nach Hause. Menschen reagieren nicht wie Autos, obwohl es manchmal sinnvoll wäre, einfach stehenzubleiben, wenn der Tank leer ist. Menschen – und besonders Frauen in den Wechseljahren – neigen dazu, sich vorübergehende Schwächezustände nicht anmerken

zu lassen. Der gesunde, der starke, der zupackende Mensch wird geachtet und auch der, der mit 39,7 Grad Körpertemperatur in seinem Büro erscheint oder stumm vor Halsschmerzen und Heiserkeit seine Pflichtstunden am Arbeitsplatz absolviert.
Hut ab vor solchen Helden! Ihre Kraft ist zum Glück nicht unbegrenzt, irgendwann liegen auch sie auf der Nase, und dann meist recht kräftig.
Ich gehörte bis zu meinem 47. Lebensjahr zu jenen, die glaubten, ihr Körper sei nur ein Instrument ihres Willens. Die in Kindheit und Jugend oft gehörten Sprüche wie: „Nimm dich zusammen", „Erst die Pflicht, dann alles andere", „Für Kranksein ist im Alter Zeit", „Wer sich nicht selbst befiehlt, bleibt stets ein Knecht", verfehlten ihre Wirkung nicht. Ich lernte leiden, ohne zu klagen. Was ich dabei an Kräften verbrauchte, weiß nur ich allein. Und als meine Kräfte mal wieder ziemlich erschöpft waren, baute ich einen Unfall. Ich lag noch auf der Nase, da dachte ich schon: „Gott sei Dank für dieses Pech, nun hast du einen guten Grund zum Ausruhen. Niemand kann sagen, du läßt dich gehen."
Es war ein leichter Unfall. Zwei Wochen blieb ich zu Hause, pflegte meine Wunden und schlief und schlief und schlief. Im Vollbesitz meiner Kräfte, geladen mit Aktivität und guter Laune nahm ich meine Arbeit wieder auf und wußte, dieser Unfall war außerordentlich gut für mich.
Durch ihn machte ich die Erfahrung, wie gefährlich es sein kann, die Signale des eigenen Körpers zu mißachten. Jetzt weiß ich, daß ich meinem Körper nur bis zu einer bestimmten Grenze durch den Willen Zwang antun darf.
Ich habe kein schlechtes Gewissen mehr, wenn ich mich „gehen lasse", wenn der Abwasch stehen bleibt, die Küche im Chaos versinkt und mein Mann sich Päckchensuppe zum Mittag kochen muß. Ich gehe, wenn ich meine, es tue mir gut, um fünf Uhr nachmittags ins Bett, mit Buch und Tee oder nur zum Schlafen, wenn mein Körper diese Erholungspause fordert.
Seit ich mich nicht mehr zwinge, jederzeit voll einsatzfähig zu sein, geht es mir körperlich und geistig besser als früher. Erschöpfungszustände überwinde ich schneller, meine Nervosität hat erheblich nachgelassen, ich bin wieder fröhlicher und fühle mich körperlich gesunder als vor fünf Jahren.

Wie verhalte ich mich, wenn meine Aktivität, meine gute Laune, mein körperliches und seelisches Gleichgewicht im Schwinden begriffen sind?
Ich sitze dann meist in meinem grünen Sessel am Fenster, blicke in den Garten und rede mir gut zu.
„Jetzt hast du genug gefaulenzt", sage ich. „Gehe in die Küche, den Garten, ans Bügelbrett, an den Schreibtisch und arbeite."
Wenn ich den Absprung finde, ist alles in Ordnung. Finde ich ihn nicht, kann ich mich manchmal aus dem Sessel locken, indem ich mir verspreche: „Du brauchst nicht länger als eine halbe Stunde zu putzen, zu bügeln, Unkraut zu rupfen. Danach kochst du dir einen Kaffee." Wird dieses Angebot nicht akzeptiert, versuche ich es mit folgender Masche: „Räume zehn Sachen, die rumliegen fort. Schreibe den kurzen Brief, damit du nicht mehr daran zu denken brauchst. Packe wenigstens deine Aktentasche für morgen."
„Ich kann nicht, ich mag nicht, mein Kopf ist leer, meine Muskeln sind schlapp", spricht mein Körper.
„Nimm dich zusammen", sagt mein Verstand, „vertrödele nicht deine kostbare Zeit. Bleibe meinetwegen hier sitzen, aber erledige was. Lies das angefangene Buch zu Ende, nähe den Rocksaum an, ordne endlich die Dias."
„Ich kann nicht, ich mag nicht", spricht mein Körper.
Scheint die Sonne, ist das Wetter verlockend, bringe ich mich möglicherweise dazu, einen Spaziergang zu unternehmen, eine Bekannte zu besuchen.
Ganz schlimm steht es um mich, wenn Luxusangebote, Tätigkeiten, für die ich normalerweise nur an Feier- und Ferientagen Zeit finde, ihren Reiz verlieren, wenn ich keine Lust habe, in Volkskunst- und Handarbeitsbüchern zu blättern, mich an Formen und Farben zu freuen. Vielleicht bleibe ich in diesem Zustand vor dem Fernsehgerät sitzen und habe das Glück, an eine der wenigen aufmunternden Sendungen zu geraten; vielleicht finde ich ein Buch, das mich fesselt, oder die mit Duft und Schaum gefüllte Badewanne bringt mir Entspannung und mein Gleichgewicht zurück.
Vielleicht fliehe ich vor dem Unbehagen über mich selber aber auch ins Bett. Messerscharf schießt hier natürlich der Psycho-

loge: Flucht vor dem Leben, Flucht vor sich selbst, Flucht ins warme weiche Nest, das den Mutterleib symbolisiert.
Ich frage, warum soll ich nicht fliehen, mich zwei Stunden, fünf Stunden oder auch einen ganzen Tag – je nach Bedarf – von allem zurückziehen, um neue Kräfte zu sammeln? Warum soll ich mich verrückt machen, mir mangelnde Energie und schändliche Schwäche vorwerfen, mich über unerfüllt gebliebene Pflichten grämen, wenn ich weiß, in ein paar Stunden ist die Schwäche überwunden, Arbeit und Leben machen wieder Spaß.
Mir hilft kein Rezept so gut wie dieses: den Mut zu haben, sich manchmal ohne Rezept rollen zu lassen, wie ein Auto ohne Benzin. Da geschieht oft ein Wunder, und das Auto rollt bergauf.

Verdrängen Sie das Altern nicht

Von meinem Schreibtisch aus beobachte ich häufig Frau M., meine 64jährige Nachbarin. Ihre untersetzte Gestalt schwankt beim Gehen wie ein Schiff in gleichmäßiger Dünung. Langsam schiebt sie den Wagen mit ihrem Enkelkind auf dem Feldweg hin und her, bedächtig setzt sie im Garten Fuß vor Fuß. Jeden Schritt leitet sie ein mit einer winzigen Pause, so als wolle sie überlegen, ob der Schritt wirklich gewagt werden kann.
Frau M. ist nicht unfreundlich. Sie beantwortet korrekt alle Fragen, fragt selbst jedoch kaum. Mit ihr ins Gespräch zu kommen, erfordert Geduld. Ich weiß, daß sie nichts so verabscheut wie Politiker, Schnecken, Wühlmäuse und schmutzige Schuhe. Was ihr gefällt, was sie mag, erzählt sie nie. Die vielen Falten in ihrem großen Gesicht kommen weder vom Lachen noch vom Weinen. Wütend sah ich sie in fünf Jahren nur einmal. Jemand hielt sie für die Mutter ihres Mannes, und sie ist heute noch der Meinung, das geschah nur, um sie kräftig zu ärgern.
Wer Frau M. sieht, mit Frau M. spricht, stellt überzeugt fest: „Das ist eine alte Frau, recht alte Frau."
Meine Mutter wird 83 Jahre. Natürlich ist sie eine alte, eine sehr alte Frau. Die Äußerungen über ihr Alter unterscheiden sich jedoch grundlegend von denen über Frau M. Das Alter meiner Mutter wird nicht als traurige Tatsache registriert. Wesentlich jüngere Menschen sagen und meinen es auch: „So wie sie möchte ich mit 83 Jahren auch einmal sein."
Meine Mutter hört schlecht, hat eine Sehleistung von 15 Prozent, Schwierigkeiten mit den Bandscheiben und dem vor Jahren gebrochenen Bein, sie ist recht herzkrank und leidet an Durchblutungsstörungen. Täglich schluckt sie 14 vom Arzt verordnete Tabletten. Ihre kleinen und großen Leiden trägt sie mit Fassung.

Sie findet das Leben trotzdem schön und würde sich gerne noch viele Jahre daran freuen. Mit einer drei Zentimeter dicken Lupenbrille entziffert sie Zeitungsartikel und nutzt das Radio zur Information. Sie unterhält sich gerne über Politik und kulturelle Ereignisse. Ihr Tag beginnt mit einer kalten Dusche, sie schwimmt leidenschaftlich gern und verordnet sich täglich einen Spaziergang. Die Farben ihrer hellen Kleidung passen zu den blauen Augen und dem weißen Haar.

Neben Frau M. wirkt meine Mutter jung.

Alt wirken wie Frau M., ist das etwas Negatives?

Alt werden, alt sein, muß man sich davor fürchten?

Wann beginnt die Veränderung mit uns, die wir als Altwerden bezeichnen?

Wer ist bereits alt, wer ist noch jung?

Ich schreibe dieses Buch nicht als Hilfe für alte Menschen, ich schreibe es für Frauen in der Mitte des Lebens. Gehören Fragen über das Altern, das Altsein überhaupt hierher?

Mit 45 Jahren ist eine Frau noch nicht alt, sie befindet sich, wie der gleichaltrige Mann, in den besten Jahren. Die meisten Frauen in diesem Alter verfügen über eine ausgezeichnete Vitalität, sind geistig aktiv und sehen nicht wie alte Damen aus. Das Altwerden, ist es wirklich schon aktuell?

Wie aktuell es ist, wird jeder Frau durch die Veränderung ihrer Körperfunktionen bewiesen. Unser Körper signalisiert, daß er nicht mehr in der Lage ist, sich fortzupflanzen. In einer wunderbaren Weise wird verhindert, daß aus gealterten Eizellen lebensuntüchtige Kinder entstehen können, daß wir den Strapazen einer Schwangerschaft und den Belastungen der Kinderbetreuung ausgesetzt werden, denen unser Körper vielleicht nicht mehr gewachsen ist.

Welchen Ausdruck kennt unsere Sprache für den Zustand, in den wir zwischen 40 und 50 Jahren hineinwachsen, für das Nachlassen der Körperkräfte und die geringere Belastbarkeit unserer Nerven, für die Zunahme körperlicher Beschwerden, die spürbaren Veränderungen verschiedener Körperfunktionen, die sichtbaren Veränderungen an Haut und Haaren, das Sinken der Reaktions- und Merkfähigkeit? Ich kenne nur einen treffenden Begriff dafür: Alterserscheinungen.

Für Frauen markiert das Klimakterium unübersehbar den Zeitpunkt, in dem Alterserscheinungen – langsam und kaum merkbar im günstigen Falle – ihren Anfang nehmen. Es ist vollkommen sinnlos, diese Tatsache nicht wahrhaben zu wollen.
Ohne Rücksicht auf sich selbst, sollten Sie sich zu Beginn des Klimakteriums sagen: „Mein Körper beginnt zu altern." Je bewußter Sie das erkennen, je weniger Sie sich dagegen auflehnen, desto leichter wird es Ihnen fallen, eine positive Einstellung zu Ihrem ganz persönlichen Altern zu finden.
Noch vor einigen Jahren war ich der Meinung, daß die meisten Frauen das Altern als natürlichen Prozeß hinnehmen, daß die Angst vor dem Altwerden nur eine unbedeutende Rolle spielt. Diese Auffassung entspricht nicht der Wirklichkeit. In vielen Gesprächen stellte ich fest:
Frauen unter 38 Jahren sehen im Altern wenig Probleme, wahrscheinlich weil sie ohne größere Beschwerden dieses für sie stattliche Alter erreichten.
Frauen, die älter als 53 Jahre sind, äußern sich meist positiv über das Altern, sicherlich deswegen, weil sie die ersten mit dem Klimakterium verbundenen Altersbeschwerden gut überstanden haben.
Frauen zwischen 38 und 52 Jahren stehen dem Altwerden häufig unsicher und ängstlich gegenüber.
Eine 41jährige Bekannte äußert in einer Art von Torschlußpanik: „Ich möchte in den nächsten Jahren noch unbedingt einige größere Reisen machen."
„Warum?" wird sie gefragt.
„Na, spätestens in fünf Jahren ist es doch aus mit mir."
„Was ist aus mit dir?"
„Die Belastungen einer Reise nach Ägypten oder nach Mexiko sind dann viel zu groß für mich."
„Aus welchem Grund?"
„Da bin ich einfach zu alt, um das noch auszuhalten."
Die Gesprächsteilnehmer über 50 lachen. Mancher von ihnen hat noch Anstrengenderes vor als eine Reise nach Ägypten.
Unsere Freundin ist traurig.
„Ihr lacht, weil ihr euch das nicht vorstellen könnt. Jeden Morgen beim Blick in den Spiegel frage ich mich, ob ich das über-

haupt noch bin. Eine Falte neben der anderen, jeden Tag 50 weiße Haare mehr, ein Doppelkinn kriege ich wie Oma. Arbeiten, die ich früher mit der linken Hand erledigte, bringen mich jetzt zum Schwitzen. Nach einer Stunde Tennis bin ich geschafft, erledigt, fertig, aus. Wenn das so weitergeht, seht ihr mich mit 45 als alte Frau."

Gegen die Angst vor dem Altwerden helfen Schlagworte wie: „Wer alt ist, hat selber schuld" oder „Altwerden heißt nicht kaltwerden" bestenfalls vorübergehend.

Die einfachere Art, mit der Angst fertig zu werden, besteht darin, das Altwerden als natürlichen Lebensvorgang zu akzeptieren. Folgen Sie meinen Überlegungen.

Der Alterungsprozeß des Menschen beginnt, wenn sein Leben beginnt. Leben ohne Altern ist bisher nicht möglich. Also ist es sinnlos, sich gegen das Altwerden aufzulehnen.

Die negativen Seiten des Alterns spüren wir am ausgeprägtesten im körperlichen Bereich. Sie beginnen für Frauen im allgemeinen mit Einsetzen des Klimakteriums.

Ich kann mich nicht dagegen wehren, daß ich altere. Ich habe aber die Möglichkeit, mein Altern für mich und meine Umgebung so positiv wie möglich zu gestalten.

Das bedeutet,

- daß ich eine reale Vorstellung davon habe, *wie* ich altern möchte;
- daß ich mir überlege, welche Schwierigkeiten im Alter auf mich warten, und Maßnahmen zu ihrer Vermeidung oder Verminderung ergreife;
- daß ich alle wissenschaftl. Erkenntnisse nutze, die mir helfen, so langsam und so angenehm wie möglich alt zu werden.

Frauen haben gegenüber Männern den ungeheuren Vorteil, daß sie durch das Aufhören ihrer Fortpflanzungsfähigkeit schockartig mit den Problemen des Altwerdens konfrontiert werden. Sie sind in dieser Lebensphase noch so aktiv und beweglich, daß sie sich alle Voraussetzungen für ein erfülltes, befriedigendes Leben im Alter schaffen können. Sie sollten sich mit Beginn der Wechseljahre gründlich mit ihrer eigenen Persönlichkeit , ihren Wünschen und Bedürfnissen befassen und sich überlegen, wie sie die Zukunft ihren Bedürfnissen entsprechend gestalten.

Ich kann nicht sagen, daß ich das Altwerden genieße oder mich auf das Altsein freue. Ich hätte lieber den gesunden, straffen, leistungsfähigen Körper, in dem ich mit 30 Jahren steckte. Ich fürchte mich davor, als alt und verkalkt abgeschoben zu werden, wenn ich mich noch nicht alt und verkalkt fühle. Ich fürchte mich auch vor schlimmen Krankheiten im Alter und davor, einmal einsam und alleine in einem Eckchen den Tod herbeizusehnen.

Aber heute bin ich noch einigermaßen gesund und freue mich am Leben. Mein Verstand und mein Gefühl sagen mir, daß die Zeit reif ist, das Alter vorzubereiten, ohne Sentimentalität, ohne übersteigerte Erwartungen.

Werde ich 70 Jahre, habe ich noch 20 Jahre zu leben. Das entspricht der Zeit zwischen dem 20. und dem 40. Lebensjahr, einer arbeitsreichen, fröhlichen, aktiven Zeit.

Werde ich 80 Jahre, habe ich noch 30 Jahre zu leben. Das entspricht dem Zeitraum zwischen dem 20. und dem 50. Lebensjahr. Und wenn ich mir vorstelle, daß ich davon mindestens 20 Jahre lang abends so lange auf und morgens so lange im Bett bleiben kann, wie ich mag, freue ich mich beinahe auf das Altwerden.

Eines weiß ich bestimmt, so wie meine Nachbarin, Frau M. möchte ich nicht werden. Meine Vorbilder sind Frauen, die trotz ihres hohen Alters Anteil am Zeitgeschehen nehmen, die Interessen haben, Ziele anstreben, Vorhaben verwirklichen, die deutlich machen, daß Altsein nicht mit Resignation, Inaktivität, körperlichem und geistigem Verfall gleichzusetzen ist. Solche Frauen findet man gar nicht so selten.

Das Klimakterium ist eine gute Zeit, über sich selbst, über das Altern nachzudenken. Es ist eine gute Zeit zur Vorbereitung eines Alters, wie es uns manche Frauen vorleben.

Medizinische Fachausdrücke

Androgene	Hormone, die die Entwicklung männlicher Geschlechtsmerkmale bewirken
Antihidroticum	schweißhemmendes Mittel
Atrophie	Abbau, z. B. der Scheidenschleimhaut
Diureticum	harntreibendes Mittel
Depression	Störung in seelischen Bereichen, die mit Unlust, Niedergeschlagenheit und Inaktivität verbunden ist. Auch Angstzustände und Selbstmordabsichten können auftreten
Dyspareunie	Beschwerden beim Geschlechtsverkehr
Endometrium	Gebärmutterschleimhaut, die in der Regelblutung abgestoßen wird, wenn kein befruchtetes Ei vorhanden ist.
Follikelsprung	(Ovulation) Abstoßung eines befruchtungsfähigen Eies von den Eierstöcken
Gestagene	Hormone, die die Vorbereitung und den Verlauf einer Schwangerschaft regeln. Wichtigstes Hormon dieser Gruppe ist das Progesteron
Hormone	Stoffe, die alle wichtigen Lebensvorgänge des Körpers steuern
Hormoninsuffizienz	Hormonmangel
Hypophyse	Hirnanhangdrüse, wichtiges Organ zur Steuerung des Hormonhaushaltes
Hysterie	Verhalten, das bewußt oder unbewußt darauf zielt, besondere Beachtung zu finden
Indikation	Verabreichung eines Medikamentes; ... gibt an, bei welchen Krankheiten und Beschwerden ein Medikament wirksam ist
Kontraindikation	Gibt an, bei welchen Krankheiten und Beschwerden ein Medikament nicht eingenommen werden darf, da sonst negative Wirkungen zu erwarten sind
Kürettage	Gebärmutterausschabung
Mamma	Brust
Mammographie	Röntgenverfahren zur Früherkennung von Brustkrebs

Mastopathie	Vermehrung des Brustgewebes, oft mit schmerzhaftem Ziehen und Stechen verbunden
Menopause	Zeitpunkt der letzten Monatsregel vor dem totalen Erlöschen der Regelblutungen
Menstruation	Monatszyklus, Regel, Periode, kritische Tage, Mensis, Menarche – regelmäßige, mit Blutungen verbundene Abstoßung eines Teils der Gebärmutterschleimhaut, wenn kein befruchtetes Ei vorhanden ist
Östrogene	weibliche Geschlechtshormone
Östrogen-Substitutionstherapie	fehlende Östrogene werden dem Körper durch Verabreichung von Tabletten oder Spritzen zugeführt
Osteoporose	Abbau der Knochensubstanz durch Entmineralisierung (Entkalkung) der Knochen
Ovarien	Eierstöcke
Ovulation	s. Follikelsprung
Postmenopause	Zeit nach der letzten Regelblutung
Progesteron	s. Gestagene
Pruritus genitalis	Juckreiz im Scheidenbereich
Pubertät	Zeit der Geschlechtsreife, in der sich u. a. auch die sekundären Geschlechtsmerkmale entwickeln
Thrombose	Bildung von Blutgerinnseln, die Adern verengen oder verstopfen können
Tranquillizer	Beruhigungsmittel
Testosteron	wichtiges Hormon zur Entwicklung männlicher Geschlechtsmerkmale
Tuben	Eileiter, durch die das befruchtungsbereite Ei in die Gebärmutter wandert
Uterus	Gebärmutter
Vagina	Scheide
Vulva	äußerer Scheidenbereich
Vulvitis	Scheidenentzündung

Bücher als Medizin

nennt Kristine Kurth ein Kapitel dieses Buches, und sie bekennt: „Bücher helfen mir über einen gewaltigen Tiefpunkt hinweg ... Ich ziehe ein Buch, das mich fesselt, unterhält, vielleicht zum Nachdenken, vielleicht zum Lachen bringt, der Ablenkung und Unterhaltung durch das Fernsehen vor ...“

Wollen Sie geistig beweglich bleiben, haben Sie Spaß an Knobeleien und Denkspielen? Hier unterhält Sie und Ihre Familie ein spritzig geschriebenes Buch, in dem auch knifflige Fälle wie im Spiel gelöst werden:

Oskar R. Meseck
LOGO · Logisch denken – leicht gemacht

176 Seiten mit zahlreichen Diagrammen und Zeichnungen, gebunden.
ISBN 3-451-20430-4

Ein Buch für Ihre „literarische“ Hausapotheke.

Verlag Herder Freiburg · Basel · Wien